U0724711

科技文明演进史

王渝生　主编

中国大百科全书出版社

图书在版编目（CIP）数据

科技文明演进史 / 王渝生主编 . -- 北京 : 中国大
百科全书出版社，2025. 1. -- ISBN 978-7-5202-1768-2

Ⅰ . N091

中国国家版本馆 CIP 数据核字第 2025MZ6342 号

出 版 人：刘祚臣
责任编辑：程忆涵
责任校对：杜晓冉
责任印制：李宝丰
出　　版：中国大百科全书出版社
地　　址：北京市西城区阜成门北大街 17 号
网　　址：http://www.ecph.com.cn
电　　话：010-88390718
图文制作：北京杰瑞腾达科技发展有限公司
印　　刷：唐山富达印务有限公司
字　　数：100 千字
印　　张：8
开　　本：710 毫米 ×1000 毫米　　1/16
版　　次：2025 年 1 月第 1 版
印　　次：2025 年 1 月第 1 次印刷
书　　号：978-7-5202-1768-2
定　　价：48. 00 元

编委会

主　编： 王渝生

编　委：（按姓氏音序排列）

程忆涵　杜晓冉　胡春玲　黄佳辉

刘敬微　王　宇　余　会　张恒丽

COLD WATER

第一章

苍穹之问——天文学史

前哥白尼天文学

天文学是最古老的一门科学，它与人类文明同步起源。约从公元前3000年开始，在两河流域（希腊人称此地区为"美索不达米亚"）、尼罗河流域、印度河流域以及黄河流域，先后出现了原始的农业定居区，开始有文字记载，天文学也发展起来，其中以美索不达米亚地区最为突出。

美索不达米亚在今伊拉克境内，从公元前3000年左右苏美尔城市国家形成到公元前64年为罗马帝国所灭的3000年间，虽然占统治地位的民族多次更迭，但始终使用楔形文字，天文学也在持续向前发展，主要贡献有：①创立60进位制，分圆周为360°，每度为60分，每分为60秒。②建立了黄道概念，分黄道天区为12宫，另外还划分了其他一些星座，这些星座名称一直沿用到今天。③以黄昏为一日的开始，以新月初见为一月的开始，以春分为一年的开始，用闰月来调整季节与月份的关系。④对日、月、五星的运动有深入的观察和研究。

天文学从实用技术转变为学术探讨，从运作程式上升到推理和论证，大约是公元前6世纪在希腊开始的。希腊早期的两位自然哲学家泰勒斯和毕达哥拉斯都曾到埃及和美索不达米亚长期游历，并在神庙中向祭司问学（当时天文学知识就掌握在这些人手中）。他们与这两个古老文明都有密切的学术渊源，但他们的抽象思维和推理方法却是原始创新，毫无先例。

毕达哥拉斯首先提出地为球形的概念，并且把它放在宇宙的中心，而围绕着它运动的天体，其大小、距离、速度等必须符合简单的数比。这种宇宙和谐思想对后代有深远的影响。他的学生提出地球每天绕"中央火"转动一周的理论，开日心地动说之先声。其后他的另两位学生，又取消了"中央火"，仍然把地球放在宇宙中心，但用地球自转来解释天体周日视运动。亚里士多德对地动思想进行了有力反驳。他以没有发现恒星视差来反对地球绕中央火转动的学说，以垂直向上抛出的物体仍落回原位而不是偏西来反对地球自转学说。

亚里士多德提出的这两个难题，直到伽利略的力学兴起和 19 世纪中叶贝塞尔等发现了恒星视差才得以解决。

希腊天文学的高峰不是发生在希腊本土，而是在埃及的亚历山大。亚历山大学派持续了约五个世纪，涌现了一大批杰出天文学家，诸如阿利斯塔克、阿波罗尼奥斯、依巴谷及集大成者托勒玫等。阿利斯塔克有一篇论文《论日月的大小和距离》一直流传到今天，他发现了太阳比地球大得多，并由此提出完整的日心地动说，还解释了人们看不到恒星视差是因为它们和地球间的距离远大于日地距离的缘故。但当时的人们无法接受把地球当作一个行星的看法。因此，还得以地球为中心，沿着圆运动的思路继续前进。后来，阿波罗尼奥斯提出了本轮均轮说，这一学说又由依巴谷（又译喜帕恰斯）继承。依巴谷在发现了太阳周年视运动的不均匀性后，提出偏心圆理论来解释：即太阳绕地球做匀速圆周运动，但地球不在这个圆周的中心，而是稍偏一点。除本轮均轮和偏心圆理论外，托勒玫又提出了"对点"概念，即地球也不在行星和月球的各个均轮的圆心上，而是偏离一段距离。在托勒玫体系中，太阳在均轮上直接绕地球运动；水星和金星的均轮中心位于日地连线上，这一连线一年绕地球转动一周；火星、木星、土星到它们各自本轮中心的直线与日地连线平行，这三颗行星每年绕各自本轮中心转一周。此外，恒星天和这七个天体每天还要绕地自东向西转一周。有了这些假设，再适当地选择各个均轮与本轮的半径比、行星在本轮和均轮上的运行速度、地球对各均轮中心偏离值、各本轮平面与均轮平面的交角等，就可计算日、月、五星的位置。托勒玫把这一套理论写成了一部 13 卷大书《天文学大成》，成为西方天文学经典，一直到 1543 年哥白尼《天体运行论》出版才逐渐被抛弃。

托勒玫

1627 年出版的席勒《星图》中的
托勒玫地心说示意图

从托勒玫《天文学大成》到哥白尼《天体运行论》的 1400 年间，天文学在欧洲停滞不前。但从 7 世纪起阿拉伯民族征服了阿拉伯半岛和西南亚，包括外高加索的大部分、中亚的广大地区、埃及和整个北非、比利牛斯半岛和法国南部，建立了许多伊斯兰国家，形成了历史上的"阿拉伯文化"，但阿拉伯文化不仅是阿拉伯民族的贡献，而是这一时期

（8～15世纪），这一地区内许多民族的贡献，不过都是用阿拉伯文写成的。阿拉伯天文学是从翻译印度和希腊的天文学著作开始的，在其后的发展中主要贡献是对观测精度的提高和计算技术的改进。

巴格达学派（9～10世纪）的巴塔尼通过长期观测修正了《天文学大成》中的不少数据，所确定的回归年长度非常准确，成了700年后格里高里改历的基本依据，还发现了太阳远地点的进动。他的全集《萨比历数书》（又译为《论星的科学》）是一部实用性很强的巨著，对欧洲天文学的发展有深远的影响。西班牙国王阿方索十世是一位阿拉伯天文学家的学生，但他本人信奉基督教，他对阿拉伯天文学传入欧洲和欧洲天文学的复兴起了很大的作用。他主编的《天文学全集》，共五大卷，收录了阿拉伯世界的全部天文仪器，图文并茂。由他授命主编的《阿方索表》在欧洲风行一时，直到15世纪德国天文学家普尔巴赫和雷格蒙塔努斯发现他预告的天象已误差很大，需要进行新的探索。雷格蒙塔努斯于1474年在纽伦堡出版了一本新的《航海历书（1475～1505）》，其中给出了行星每天的位置，这为哥伦布1492年发现新大陆提供了条件。

中国是世界上天文学发展最早的国家之一，数千年来积累了丰富的观测资料。它萌芽于新石器时代，可追溯到4500年以前，至战国秦汉期间形成了以历法和天象观测为中心的

《天文学大成》中展示宇宙体系的插图

中国明代的星图

完整而富有特色的体系。这种特点和中国传统天文学由皇家主持有关,而后者是在天人感应和天人合一思想支配下高度的中央集权制所必需的。以元代的授时历为标志,中国传统天文学发展到最高峰。进入明代以后有约200年的停滞。万历年间随着资本主义萌芽、实学思潮兴起以及历法失修,社会对天文学产生了新的要求。此时正逢耶稣会士东来,随着西学东渐,中国传统天文学开始同西方天文学融合。

近代天文学

1543年哥白尼《天体运行论》的出版,标志着近代天文学的诞生。

哥白尼在书中倡导的日心地动说,虽远可追溯到希腊,近有阿方索十世等为其开路,但成为系统的科学理论,从而引起人类思想上的一场革命,则还是由于他的艰苦努力。他用了很长的时间,经过观测、计算和反复思考,先将他的观点写成一篇《要释》，在朋友中间流传和征求意见，然后写成六大卷的《天体运行论》，到临终前才出版。这部书中人类所居住的地球不再有特殊的地位，它和别的行星一样绕着太阳公转，同时每天自转一周。行星离太阳由近而远的排列次序是水星、金星、地球、火星、木星和土星。只有月球还是围绕着地球转，同时又被地球带着围绕太阳转。恒星则位于遥远的位置上安然不动。

哥白尼的日心体系经过长期而曲折的斗争才得到公认。这是因为，在社会根源方面，它"上下异位，动静倒置，离经叛道"，遭到教会和一切保守势力的疯狂反对；在认识

哥白尼

《天体运行论》

17

论根源方面，新生事物不完善，还得经过一段时间发展。首先，亚里士多德反对地动说的两条主要理由，哥白尼并没有解决。后来，伽利略于 17 世纪上半叶建立惯性原理，才正确解释了第二个疑问。1728 年，布拉得雷发现光行差，实际上已经回答了第一个疑问，而 1837 ～ 1840 年，斯特鲁维、贝塞耳和亨德森各自独立地测到恒星视差，才最终解决了这个问题。其次，哥白尼仍因袭前人观点，认为行星和月球运行的轨道是圆形，因而他预告的位置仍和实际不符，还得采用一些本轮、均轮来组合。虽然数目比起当时流行的地心体系少得多，但他推算的行星位置精度依然不太高。

第谷没有发现地球绕日运动造成的恒星视差现象，又认为哥白尼日心体系无法同《圣经》相调和，因而提出了一个折中体系：所有行星绕着太阳转，太阳又携带着它们绕地球转。不过，第谷是一位杰出的天文观测者，他认为三家学说的最后结局只能由更多、更好的观测来检验。他的继承者开普勒在分析他留下来的大量观测资料时发现，对火星来说，无论用哪一家学说都不能算出与观测相符的结果，虽然这差异只有 8 分，但他坚信第谷的观测结果。因此他推测"行星做匀速圆周运动"这一传统观念可能是错的。他用各种不同的圆锥曲线来试，终于发现火星沿椭圆轨道绕太阳运行，太阳处于椭圆的一个焦点上，这一图景和观测结果符合。同时他又发现，火星运行的速度虽是不均匀的，但它和太阳的连线在相等的时间内扫过相同的面积。这就是他发现的关于行星运动的第一、第二定律，刊布于 1609 年出版的《新天文学》中。10 年后，他又公布了行星运动的第三定律：行星绕日公转周期的二次方与它们的椭圆轨道半长轴的三次方成正比。

开普勒关于行星运动三定律的发现，正如他自己所说："就凭这 8 分的差异，引起了天文学的全部革新。"它埋葬了托勒玫体系，否定了第谷体系，奠哥白尼体系于磐石之上，并带来了万有引力定律的发现。哥白尼曾经说过，地之所以为球形，是由于组成地球的各部分物质之间存在着相互吸引力，他相信这种力

开普勒

也存在于其他天体之上。开普勒也曾想过，可能是来自太阳的一种力驱使行星在轨道上运动，但他没有提供任何说明。牛顿则用数学方法率先证明：若要开普勒第二定律成立，只需引力的方向沿着行星与太阳的连线即可；若要开普勒第一定律成立，则引力的强弱必须与太阳和行星距离的二次方成反比。在此基础上，他又进一步证明，宇宙间任何两物体之间都有相互吸引力，这种力的大小和它们质量的乘积成正比，和它们距离的二次方成反比。

PHILOSOPHIÆ
NATURALIS
PRINCIPIA
MATHEMATICA.

Autore *JS. NEWTON*, *Trin. Coll. Cantab. Soc. Mathefeos*
Professore Lucasiano, & *Societatis Regalis Sodali.*

IMPRIMATUR·
S. PEPYS, *Reg. Soc. PRÆSES.*
Julii 5. 1686.

LONDINI,
Juffu *Societatis Regiæ* ac Typis *Josephi Streater*. Proftant Vena-
les apud *Sam. Smith* ad infignia *Principis Wallis* in *Cœmiterio*
D. *Pauli*, aliofq; nonnullos Bibliopolas. *Anno* MDCLXXXVII.

牛顿名著《自然哲学的数学原理》

1687 年牛顿发表了他的《自然哲学的数学原理》，明确提出了力学三定律和万有引力定律，建立了经典力学体系，这导致了天体力学的诞生。1799 ～ 1825 年，拉普拉斯出版了巨著《天体力学》，全面系统地探讨了天体力学的各个有关问题，因而成为天体力学的奠基之作。依据天体力学的原理，天体的运动完全是由天体本身的力学特性所决定的，无须借助任何超自然的力。天体力学的诞生，使天文学从单纯描述天体间几何关系进入到研究天体之间相互作用的阶段，说明了天体的运动和地上物体的运动服从同一规律，进一步否定了亚里士多德的两界说。万有引力定律问世、天体力学诞生后，科学家运用它取得了一个又一个胜利。其中最激动人心的是，1845 ～ 1846 年英国的亚当斯和法国的勒威耶运用它推算出当时一颗未知行星的位置，德国的伽勒则依据勒威耶的推算位置找到了这颗行星，即海王星。

牛顿所建立的经典力学体系，实现了科学史上第一次大综合。但由于当时习惯于对自然界的事物分门别类地、孤

牛顿手制的牛顿望远镜

立而静止地进行研究，并往往用机械运动来解释千差万别的自然现象，这导致了17～18世纪占统治地位的形而上学自然观的形成。牛顿本人也深受形而上学思维方法的束缚，他用太阳的引力和行星在轨道上因惯性产生的横向运动来说明行星绕太阳公转的必然性，但他又无法解释这种横向运动最初是怎样开始的，最后不得不求助于上帝，认为是上帝做了"第一次推动"，行星才能在近圆轨道上绕太阳转动起来，而且此后按照力学定律永远转动下去。牛顿的这一见解成了17～18世纪形而上学自然观的重要组成部分。

1755年，德国哲学家康德提出了一个太阳系起源的星云假说，1796年拉普拉斯也提出了一个类似的星云说。这两个学说都认为太阳和行星是由同一个原始星云形成的，但对原始星云的性质、太阳的诞生和行星的聚合过程、行星绕太阳公转的形成等，则做了不同的解释。康德和拉普拉斯的星云说根本否定了牛顿关于行星运动的"第一次推动"的说法，说明了地球和整个太阳系是某种在时间过程中逐渐生成的东西，从而在形而上学自然观中打开了第一个缺口。康德和拉普拉斯的星云说以万有引力为理论根据，解释了当时所知的太阳系天体的许多观测事实，因而成了第一个科学的太阳系起源说，为天文学开创了一个新的研究领域——天体演化学。

在哥白尼的日心体系里，恒星只是遥远的"恒星天"上的光点，人们的视野还被束缚在太阳系的狭小范围内。1717年哈雷发现了恒星的自行，十多年后，布拉得雷在测量天体光行差的过程中得出，即使最近的恒星，其与太阳的距离也应远于 6 ~ 8 光年，若把太阳放在这样的距离上，它也就变成了一颗普通的恒星。这两大发现，使人们对太阳在宇宙间所处的地位发生了怀疑。在此基础上，赫歇耳迈出了勇敢的一步，他说："就像我们不应否认地球的周日运动一样，我们也无权假设太阳是静止的。"他认为恒星的视位移可能是恒星的自身运动和太阳运动的综合效应，如果恒星本身的运动方向是随机分布的，太阳运动必使其向点附近的恒星散开，而背点附近的恒星则相互靠拢。赫歇耳根据这一思路，只用了当时仅知的七颗恒星的自行资料，于 1783 年得到太阳的向点位置，和今天的结果相差不到 10°，相当成功。

赫歇耳更大的贡献是，他采用取样统计的方法，用自制的口径为 46 厘米的反射望远镜，对自己事先选定的上千个天区，一一数出这些天区的星数以及亮星与暗星的比例，并假定：①宇宙空间是完全透明的；②恒星在空间均匀分布；③所有恒星的光度都一样。从而于 1785 年得出了一幅扁而平、轮廓参差、太阳位于中心的银河系结构图。现在知道，除银河系的直径大约是其厚度的五倍这一点基本正确外，其余见解都是错的。但在关于恒星距离的数据完全没有的情况下，赫歇耳能做出如此成绩，却令人无比钦佩，而他的取样统计方法则成了当今天文学中常用的方法，在恒星天文学和宇宙学中使用尤其频繁。

赫歇耳以后的 130 多年间，人们总把太阳系看成银河系的中心。1916 ~ 1917 年沙普利利用球状星团中造父变星的周光关系米测量当时已知的近百个球状星团的距离并研究它们的空间分布。结果发现，这些球状星团有 1/3 位于占天空面积只有 2% 的人马座内，90% 以上位于以人马座为中心的半个天球上。他认为，这种表面上的不均匀现象是由于太阳系不在银河系的中心而造成的，银河系的中心应该在人马座方向。1927 年奥尔特通过研究银河系的较差自转，证实了沙普利的结论。经后人的反复测量，现已得悉银河系的半径约为 6 万光年，太阳离银心的距离为 32000 光年，并以每秒 250 千米的速度绕银心运动，约 2.5 亿年公转一周。

油画作品中的哥白尼形象

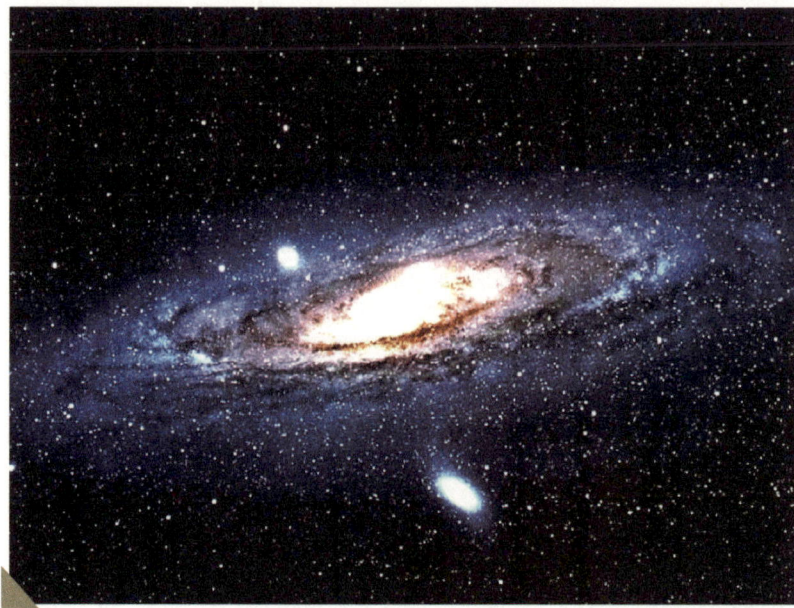

在人类正式进入太空之前,天文学家已通过孜孜不倦的观测与计算,
获悉了银河系的全貌

现代天文学

19 世纪中叶后，天体物理学和全波天文学的诞生为观测遥远天体提供了手段，现代天文学的领域不断拓展，向探索宇宙边缘与时间起点发起挑战。

自古以来只能凭借肉眼观天。1609 年伽利略首次将望远镜对准天空，一系列新发现纷至沓来，使人们大开眼界。但利用望远镜和它的一些附属设备，只能测定天体的位置和位置变化，考察天体的运动规律，粗略地估计天体的亮度以及观察某些天体的表象特征，无法研究其物理性质、化学成分和内部结构。19 世纪中叶随着实验物理的发展，光谱学、光度学和照相术应用于天文观测和研究，迅速改变了天文观测的面貌。1859 年 10 月 27 日基尔霍夫向普鲁士科学院提交的对太阳光谱中暗线的解释，宣告了天体物理学的诞生，标志着现代天文学的发端。后来的发展是，从光谱分析中不但能

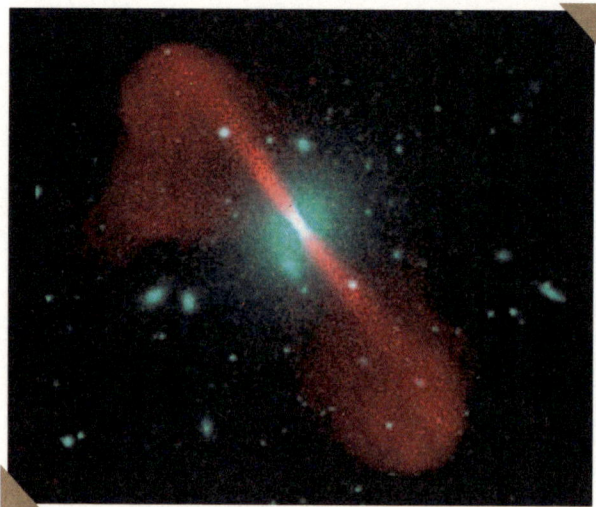

星系的射电辐射

够知道太阳和恒星的化学成分，还能知道它们的温度、压力、视向速度、电磁过程和辐射转移过程等信息。

突破大气障碍，观测全部电磁波是 20 世纪天文学的一大特色。天体发射的电磁波，波长由短到长，大致可分为 γ 射线、X 射线、紫外线、可见光、红外线和无线电波。但是长期以来，用肉眼和望远镜只能观测到从 0.3 微米（紫光）到 0.7 微米（红光）之间这样一段狭小的光波范围，俗称"光学窗口"。20 世纪 40 年代，人们借助于新兴的无线电和雷达技术，收到了来自太空的无线电波，从此打开了瞭望宇宙的另一扇窗户——"射电窗口"，射电天文学由此诞生。20 世纪 60 年代天文学的四大发现（类星体、脉冲星、星际有机分子和宇宙微波背景辐射），都是射电天文学的杰作。

类星体

　　在银河系之外，还有没有与银河系类似的天体系统，对这个问题的研究与对星云的观测和认证分不开。自古以来，南半球的人对大、小麦哲伦星云司空见惯，但直到1519～1521年麦哲伦航海至美洲最南端的一个海峡时，才第一次把它记录下来，大、小麦哲伦星云由此为北半球的人所知。1612年德国天文学家马里乌斯用望远镜发现了仙女座大星云。其后，随着望远镜的口径增大，人们发现了更多云雾状斑点。18世纪中叶，德国哲学家康德和地理学家洪堡提出，银河和恒星构成一个巨大的系统，看上去呈雾状的星云也是这样巨大的系统，它们在宇宙间就像岛屿在海洋中分布着。这个关于宇宙岛的预见，由于望远镜分辨率的限制和测定距离的困难，在经历了170年的曲折历程后，直到20世纪20年代才得到证实。

仙女座大星云

　　1920 年 4 月，在美国国家科学院爆发了著名的沙普利－柯蒂斯大辩论。柯蒂斯利用仙女座大星云中发现的三颗新星，定出该星云远在银河系之外，是一个独立的星系，而沙普利则反对柯蒂斯的结论。这场辩论当时胜负未分。1923 年，哈勃在威尔逊山天文台用当时世界最大的 2.5 米反射望远镜，把仙女座大星云的旋涡结构分辨为恒星，并且在这个星云内发现了许多造父变星。利用这些造父变星的周光关系，定出其距离为 90 万光年（现知为 230 万光年），远在银河系之外，而且体积比银河系还大。1924 年底他在美国天文学会宣布这一结果时，与会天文学家一致认为，宇宙岛学说已取得了胜利，人类关于宇宙的认识翻开了新的一页。

1932 年，爱丁顿的学生勒梅特在用广义相对论研究宇宙学问题时提出，现在观测到的宇宙是一个极端高热、极端压缩状态的原始原子爆炸的产物。1948 ~ 1956 年，伽莫夫等人发展了勒梅特的宇宙模型，更深入地探讨了宇宙从原始高密状态演化、膨胀的概貌，并把粒子的起源和化学元素的起源都结合进来一起考虑，从而形成了最有影响的大爆炸宇宙学。伽莫夫还明确预言，早期宇宙的大爆炸遗留至今还残存着温度很低的辐射。1965 年宇宙微波背景辐射的发现证明了这一论断的正确性。如今对热大爆炸宇宙学的更大兴趣则集中在 137 亿年以前，大爆炸发生后的 10^{-43} 秒到 3 分钟间的演化过程。这一极早期的宇宙演化学和粒子物理学、大统一理论及超弦理论密切相关，理论、实验、观测互相影响，是当代物理学的一个前沿，至今仍在不断发展。

第二章

生命的守护者——医学史

nßdn Man

医药知识的起源是人类集体经验的积累，是在与疾病斗争中产生的。医药从原始社会发展至今经过了漫长复杂的道路，更与科学技术的进步以及哲学思想的发展有密切关系。

古代医学

　　最初的奴隶制国家产生于大河流域的两旁。随着奴隶社会的发展和巩固，医学中的宗教色彩逐渐增多。

　　公元前 4000～3000 年左右埃及已形成奴隶社会，已有了相当发展的文化。他们认为一切归神主宰，因此僧侣兼管为人除灾祛病，宗教与非宗教的经验医学互相混杂在一起。埃及富人因为宗教信仰很重视遗体保存，自公元前3000年左右已实行尸体干化法，用香料药品涂抹尸体，是为"木乃伊"。这对于人体构造的认识有很大的帮助。

印度在公元前4000年末前3000年初，形成了奴隶制社会。根据史料记载，印度的外科很发达，大约至迟在公元4世纪时就能做断肢术、眼科手术、鼻的形成术、胎足倒转术、剖腹产术等。印度医学认为健康是机体的三种原质——气、粘液、胆汁正常配合的结果。以后希腊医学的四体液说影响了印度，使原有的三体液说增加了血液，成为"四大"学说。

公元前3000年末前2000年初，在两河流域的中部，巴比伦形成了奴隶制国家。公元前700年，亚述征服了巴比伦。巴比伦和亚述的占星术与医学有密切的关系。他们认为身体构造符合天体运行，这种人体是个小宇宙的观念与中国古代颇相似。巴比伦和埃及一样，有两种医生，一种为僧侣，治病方法是咒文、祈祷；一种是有实际经验的医生，由平民担任。

早于公元前3000年的神农氏时期，中国已进入农耕时代。神农亲自品尝植物和水泉，以寻求安全的饮水食物，并在此过程中认识了某些药物，此谓"神农尝百草，始有医药"和"药食同源"。中国氏族社会早期的巫既掌管祭祀，也从事医疗，此为巫医时代，包括夏、商和西周时期。此后春秋战国时期巫与医分工而进入医学时代，此时中医对人体解剖、病因病理、疾病诊治等方面的认识已有长足发展。战国时期百家争鸣，各流派活跃的哲学思想帮助医家建立起理论体系。秦汉时期，《内经》《难经》《伤寒杂病论》《神农本草经》等医学经典问世，以理法方药的完备标志中医学理论体系的奠定。

公元前 7～前 6 世纪，希腊从原始氏族社会进入奴隶制社会，希腊医学是后来罗马及全欧洲医学发展的基础。直到现在欧洲人所用的医学符号——手杖和蛇，即源出希腊医神阿斯克勒庇俄斯。公元前 5 世纪恩培多克勒提出一切物体都由四种元素组成——火、空气、水和土。四元素以不同数量比例混合，成为各种性质的物体。希腊医学的代表人物为希波克拉底。以他为名的著作《希波克拉底文集》是希腊医学最重要的典籍。希波克拉底学派将四元素论发展为四体液病理学说。他们认为机体的生命决定于四种体液：血、粘液、黄胆汁和黑胆汁。四种元素的不同配合是这四种液体的基础，每一种液体又与一定的"气质"适应，每个人的"气质"取决于他体内占优势的液体。四体液平衡则身体健康，失调则多病。此外，《希波克拉底文集》

希波克拉底

苏格拉底被判服毒而死，说明当时的古希腊对毒理学已有深入的了解

医师们正在绘制药草图鉴

中很多地方都谈论到医学道德问题，如著名的《希波克拉底誓言》，后来欧洲人学医都要按这个誓言宣誓。在公元前4世纪后，希腊医学逐渐衰落。

罗马时代的医学发展与古希腊医学有继承性的联系。公元前2世纪，罗马人占领了原属希腊的巴尔干半岛南部，很多希腊医生来到罗马。罗马最著名的医生加伦原籍就是希腊，他对希波克拉底的著作很有研究。加伦的医学主张混有目的论观点，即认为自然界中的一切都是有目的的，人的构造也是由于造物者的目的而设。这种天定命运的学说被后世遵为教条，阻碍了科学发展。在治疗方面他重视药物治疗，有自己的专用药房，大量利用植物药配制丸剂、散剂、硬膏剂、浸剂、煎剂、酊剂、洗剂等各种制剂。至今药房制剂仍称"加伦制剂"。此外，罗马在公共卫生建设方面也有较高的水平。

公元395年罗马帝国分裂。西罗马帝国于5世纪亡于蛮族，分裂成好几个蛮族王国。欧洲的6世纪至13、14世纪被称为黑暗时代，文化进步很少，而东罗马帝国以拜占廷之名继续存在。拜占廷文化是希腊罗马文化的继承者。拜占廷医学家收集了古代医学的丰富遗产并加以系统化。到15世纪拜占廷才被土耳其所灭。在文化思想方面，中世纪欧洲几乎完全由教会统治。神学渗透一切知识部门，医学也由僧侣掌握，只有他们懂拉丁语，因此保存了一些古代传下来的医药知识。

他们为病人看病，也替病人祈祷。"寺院医学"由此形成，但它把治愈与"神圣的奇迹"联系在一起，这阻碍了医学的发展。11世纪十字军东征、城市发展、商业旅行等扩大了欧洲人的眼界，也刺激了科学发展。当时医学教育主要围绕希波克拉底、加伦和阿维森纳的著作，重教条而轻实践。医学研究故步自封，进步很小。此外，欧洲中世纪流行病传播猖獗，如鼠疫、麻风和梅毒等。麻风在13世纪最为猖獗，后经严格隔离才停止蔓延，这也促进了欧洲医院的设立。

　　7～8世纪的许多国家和地区，如叙利亚、埃及、小亚细亚、北非和比利牛斯半岛都归属于封建伊斯兰教强国——"阿拉伯哈利发王国"。阿拉伯继承了古希腊罗马的文化，同时与东方商业交通频繁，又吸收了印度和中国的文化。因此，它起到沟通欧亚各民族文化的作用。希腊文和拉丁文的哲学、科学及医药学方面的主要著作，都被译成阿拉伯文。8～12世纪阿拉伯地区医学发达，在化学、药物学和制药技艺方面都很有成就。当时的化学即所谓"炼金术"，其目的之一是炼制长生药。长生药虽不可能炼成，但无数次的试验过程中诞生了许多对人类有用的物质和医疗上有用的化合物。炼金术士还设计并改进了很多实验操作方法，如蒸馏、升华、结晶、过滤等。这些都大大丰富了药物制剂的方法，并促进药房事业发展。阿维森纳是中世纪的伟大医生，在世界医史上也有重要地位。他最著名的医学著作是《医典》，曾多次译成拉丁文，在很长一段时间内《医典》是研读医学的必读指南。在治疗方面，阿维森纳很重视药物治疗，他不但采用了希腊、印度的药物，还收载了中国的药物。中国的医学也通过阿拉伯传入西方。

近代医学

西方近代医学是指文艺复兴以后逐渐兴起的医学。

文艺复兴运动中，怀疑教条、反对权威之风兴起。16 世纪欧洲医学摆脱了古代权威的束缚，开始独立发展，其主要成就是人体解剖学的建立。古代的人认为身体是灵魂寄居之处，在封建社会，各民族无例外地禁止解剖尸体。因此，人体解剖学得不到发展，这个时代的医书如加伦解剖学中，解剖图几乎全是根据动物内脏绘成的。反之，文艺复兴时代的文化把人作为注意的中心，在医学领域内人们首先重视的就是研究人体构造。首先革新解剖学的是意大利的达·芬奇，

达·芬奇《男人头和肩的研究》

维萨里

他认为作为现实主义的画家，有明了解剖的必要，尤其需要了解骨骼与肌肉，于是从事人体解剖。他所绘制的 700 多幅解剖图，传至今日还有 150 余幅。画得大都准确、优美。根据直接观察来编写人体解剖学教科书的工作由维萨里完成。维萨里在大学学习医学时，解剖学教授高坐椅上授课，助手和匠人在台下操作，而且一年内最多只允许进行三四次解剖。维萨里不满足这种状况，曾夜间到野外去盗窃尸体来进行解剖。后来他到拥有欧洲最好的解剖教室的意大利帕多瓦大学任教。1543 年，他将工作中积累起来的材料整理成书，公开发表。这本书就是《人体构造论》，此书指出加伦的错误 200 多处。维萨里虽然也受到当时保守派的指责，但他的学生们发展了解剖学。

17 世纪，英国新兴的资产阶级为了发展工商业支持科学技术研究。在哲学方面，培根提出经验主义，提倡观察实验，主张一切知识来自经验，并提倡归纳法。笛卡尔是唯理论的代表，他重视人的思维能力，同时又把机械论观点运用于对生理问题的研究，对后世的生命科学影响很大。17 世纪量度观念已很普及。实验、量度的应用使生命科学开始步入科学轨道，其标志是血液循环的发现。哈维也毕业于帕多瓦大学，他最先在科学研究中，应用活体解剖的实验方法，直接观察动物机体的活动。同时，他还精密地算出自左心室流入总动脉和自右心室流入肺动脉的血量。通过分析，他认为血液绝不可能来自饮食，也不可能留在身体组织内，并由此断定自左心室喷入动脉的血，必然是自静脉回归右心室的血。这样就发现了血液循环。17 世纪初，随着实验兴起出现了许多科学仪器，其中显微镜把人们带到一个新的认识水平。意大利的马尔皮吉在观察动物组织时发现了毛细血管。荷兰的列文虎克也做过许多显微镜观察，最先发

哈维

现精子、血细胞及血细胞从毛细血管中流过的情形。这些观察填补了哈维在血液循环学说中留下的空白，解释了血液是怎样由动脉进入静脉的。

到 18 世纪，医学家已经解剖了无数尸体，对人体正常构造已有清晰认识，在这基础上，他们就有可能认识到若干异常的构造。意大利的莫尔加尼于 1761 年发表《论疾病的位置和原因》一书，描述了疾病影响下器官的变化，并据此对疾病原因做了科学推测。他把疾病看作是局部损伤，而且认为每一种疾病都有它在某个器官内的相应病变部位。这标志着病理解剖学成为一门科学。这种思想对此后的整个医学领域影响甚大，在莫尔加尼以后，医师才开始用"病灶"解释症状。18 世纪的医学教育也发生了重大变化。在 17 世纪前，欧洲并无有组织的临床教育，学生到医校学习，只要读书并考试及格就可毕业。17 世纪中叶荷兰的莱顿大学开始实行临床教学。到 18 世纪，临床医学教学兴盛起来，莱顿大学在医院中设立了教学病床，布尔哈维是当时著名的临床医学家。他充分利用病床教学，在进行病理解剖前，尽量给学生提供临床症候以及与这些病理变化有关系的资料，这是以后临床病理讨论会的先驱。詹纳发明牛痘接种法，是 18 世纪预防医学的一件大事。16 世纪，中国已用人痘接种来预防天花。18 世纪初，这种方法经土耳其传到英国，詹纳在实践中发现牛痘接种比人痘接种更安全。他的这个改进增加了接种安全性，为人类最终

伦勃朗的著名油画作品《杜尔博士的解剖学课》

詹纳为小男孩接种牛痘

消灭天花做出贡献。

19世纪的欧洲医学在细胞病理学、细菌学、药理学、实验生理学、诊断学、外科学、护理学及预防医学方面都有很大进展。19世纪初，细胞学说提出。19世纪中叶德国病理学家菲尔肖倡导细胞病理学，将疾病研究深入到细胞层次。同一时期，由于发酵工业的需要、物理学与化学的进步和显微镜

巴斯德

霍乱弧菌

炭疽杆菌

的改进，细菌学诞生了。法国人巴斯德开始研究发酵的作用，后研究微生物，证明发酵及传染病都是微生物引起的。德国人科赫发现霍乱弧菌、结核杆菌及炭疽杆菌等，并改进了培养细菌的方法和细菌染色方法，还提出科赫三定律。他们的工作奠定了微生物学的基础。19世纪后30年是细菌学时代，大多数主要致病菌在此时期内先后被发现。巴斯德还研究了鸡的霍乱、牛羊炭疽病及狂犬病等，并用减弱微生物毒力的方法首先进行疫苗的研究，从而创立了经典免疫学。

19世纪初期，一些植物药的有效成分先后被提取出来。

1859年水杨酸盐类解热镇痛药合成成功，到19世纪末精制成阿司匹林。其后各种药物的合成精制不断发展。以临床医学和生理学为基础，以动物实验为手段，人们开始研究药物的性能和作用，实验药理学由此产生。除药理实验外，人们还应用实验方法研究机体，实验生理学从此逐渐兴起。

由于病理解剖学和细胞病理学的影响，当时的临床医学对内脏器官病理变化的研究和诊断特别关注，临床医生想尽各种方法寻找病灶，使诊断方法不断充实，诊断手段和辅助诊断工具不断增多。许多临床诊断辅助手段如血压测量、体温测量、体腔镜检查等都是在19世纪开始应用的。到19世纪末检查方式又或多或少地从直接观察病人转变为研究化验室的检验结果。19世纪外科学也有很大的进步。19世纪前的外科非常落后，疼痛、感染、出血等基本问题无法解决，这限制了手术的数量和范围。19世纪中叶，解剖学的发展以及麻醉法、防腐法和无菌法的应用，对19世纪末和20世纪初期外科学的发展起了决定性的作用。良好的护理也是病人康复的重要因素。护理工作历史悠久，但从事护理的人长期地位低下，19世纪前工作条件一直十分恶劣，人员素质差，待遇低。英国的南丁格尔曾在德国学习护理知识，在克里米亚战争中率护士进行战地救护，收效显著。1860年她

南丁格尔

创立护士学校，传播其护理学思想，提高护理地位，使护理学成为一门科学。

19 世纪，预防医学和保障健康的医学对策已逐渐成为立法和行政的问题，而使卫生学成为一门精确科学的人是德国的佩滕科弗。他将物理和化学的研究方法应用到卫生学方面，并于 1882 年发表《卫生学指南》一书。此后，研究职业病的劳动卫生学、研究食品工业的营养与食品卫生学等相继产生。

现代医学

近代医学经历了 16 ~ 17 世纪的奠基，18 世纪的系统分类，19 世纪的大发展，到 20 世纪与现代科学技术紧密结合，发展为现代医学。

20 世纪医学的特点是一方面向微观发展，如分子生物学；一方面又向宏观发展。在向宏观发展方面，又可分为两种：一是人们认识到人本身是一个整体；二是把人作为一个与自然环境和社会环境密切相互作用的整体来研究。20 世纪以来，基础医学方面成就最突出的是基本理论的发展，它有力地推进了临床医学和预防医学。治疗和预防疾病的有效手段在 20 世纪才开始出现。20 世纪医学发展的主要原因是自然科学的进步。各学科专业间交叉融合，这形成现代医学的特点之一。

　　20 世纪的内科治疗发生了巨大进步。19 世纪后半期由于药理学进步，治疗上虽有改进，但对多数疾病，尤其一些已知病源的传染性疾病仍无能为力。20 世纪化学治疗和抗生素的发明改变了这种局面，是治疗史上划时代的进步。20 世纪的诊断技术也有革命性进展。伦琴于 1895 年发现 X 射线，到 20 世纪初 X 射线诊断已成为临床医学的重要手段。此后重要的诊断技术发明有：心电图、梅毒血清反应、脑血管造影、心脏导管术和脑电图。50 年代初超声波技术应用于医学，60 年代日本采用光导纤维制成胃镜，现在临床已有多种纤维光学内窥镜得到应用。70 年代电子计算机 X 射线断层成像（CT）及磁共振成像技术应用后，微小的病灶也能被发现。外科学方面，20 世纪初兰德施泰纳发现血型，通过配血使输血得以安全进行。这时也开始应用局部麻醉法，40 年代肌肉松弛药在临床应用，其后抗菌药应用于外科，这些使外科治疗的基本问题得以解决。除此之外，内分泌学、营养学、分子生物学、医学遗传学、免疫学、精神病学研究等都有重大突破。

脑血管造影图

人体腰部器官磁共振成像

第三章

从原子到宇宙——物理学史

古代和中世纪的物理学

公元前 7 世纪到前 2 世纪，古代物理学在希腊和中国均有很大进展。

物理学来源于古希腊理性唯物思想。早期哲学家提出了许多范围广泛的问题，诸如宇宙秩序的来源、世界多样性和各类变种的起源、如何说明物质和形式、运动和变化之间的关系等。尤其是以留基波、德谟克利特为代表，后又被伊壁鸠鲁和卢克莱修发展的原子论，以及以爱利亚的芝诺为代表的斯多阿学派主张自然界连续性的观点，对自然界的结构和运动、变化等做出各自的说明。原子论曾对从 18 世纪起的化学和物理学起了相当大的影响。

古希腊罗马物理学最发达的部分是静力学，代表人物是阿基米德。他建立了杠杆定律、浮体定律，尤其重要的是，他将欧几里得几何学和逻辑推理用于解决物理问题，这为经典物理学的兴起在方法上提供了榜样。至于亚里士多德的物理学，

阿基米德

实质上大部分是由错误判断、逻辑集合而成的几个概念。他将宇宙分成天上的和地上的两种截然不同的领域；将运动分为"自然的"和"非自然的"两类，"非自然运动"需要恒常的外因。今天看来奇怪的是，占有整个中世纪的形而上学不是阿基米德的物理学，而是亚里士多德的物理学。这不仅与宗教的需要有关，大概亦与亚里士多德论证问题的巧妙方式有关。此外，托勒玫发现光线入射角和折射角成比例，他构建的洋葱式宇宙模式（托勒玫体系）对中世纪影响颇大。

随着希腊罗马文明的衰落，中世纪时期，慑于社会压力、政治迫害和早期教会神父的反理智偏见，剩下的少数科学家和哲学家流向东方。他们的大量科学经典传进阿拉伯国家，被译成阿拉伯文保存下来。但在物理学方面，唯有光学在阿拉伯得以发展。阿尔·哈增发展了光反射和折射知识，解剖研究眼睛构造，创立了至今仍被沿用的一些术语，如角膜、

玻璃液等。12～13世纪，欧洲建立了一些附属教堂的学校，一些学者开始对希腊文化重新发生兴趣，亦开始从阿拉伯文翻译希腊科学著作。从此，亚里士多德讨论问题的逻辑方式成为欧洲传统，无形中一代代地培养了学生的逻辑思维习惯。中世纪后期的科学家虽然在希腊科学的总框架内工作，但在物理学的一些问题上做得较精细且有一定水平，为16～17世纪的科学革命奠定了基础。

中国古代学者和哲学家对宇宙天体的形成、演变和万物组成曾提出种种看法。在中国古代，不可分割的原子思想比较薄弱，而连续性的物质观念即元气说成为中国的传统。在某种意义上，传统物理学的认知模式是与元气说密切相关的。从明代后期，传统物理学逐渐终结，耶稣会士入华，将希腊罗马和文艺复兴初期的科学知识传播到中国。但近代科学包括物理学传入中国是在1840年鸦片战争之后。

经典物理学的创立和发展

近代意义的物理学诞生于 15 ～ 17 世纪的欧洲。从文艺复兴到 19 世纪是经典物理学时期。牛顿力学在此时期发展到顶峰，其时空观、物质观和因果关系影响了光、声、热、电磁各学科，以及物理学以外的自然科学和社会科学。

16 ～ 17 世纪，一场伟大的科学革命在欧洲兴起，它是文艺复兴的产物。这场革命首先起于天文学，继而是力学、光学。1543 年波兰天文学家哥白尼发表《天体运行论》，提出日心地动说，从而和经院哲学的教条即被神化了的托勒玫地心说发生冲突。继而，伽利略携望远镜观察

伽利略

伽利略望远镜

天象，并进行一系列关于运动的实验，推翻了地心说和以亚里士多德为代表的经典哲学运动观，以数学形式建立了自由落体定律和惯性定律，并创建加速度概念。其后，开普勒在哥白尼日心说基础上，运用第谷的观测资料，发现了行星运动三定律，再加上惠更斯等人的努力，最终由牛顿提出了三大运动定律和万有引力定律。1687年《自然哲学的数学原理》问世，这一划时代科学巨著标志着以牛顿力学为代表的经典力学体系的建立。它不仅解决了那个时代提出的力学和天文学的主要问题，而且将科学革命推向了高峰。牛顿力学体系将过去一向被认为毫不相干的地上的和天上的物体运动规律概括在一个严密的统一理论之中，这是人类认识自然的历史中的第一次理论大综合。此后拉普拉斯把整个太阳系综合为一个动力稳定的牛顿引力体系，建立起天体力学；1846年通过牛顿理论预测并证实海王星的存在，这时以牛顿力学为核心的经典力学达到最为辉煌的时代。经典力学的另一个发展序列是由托里拆利、帕斯卡、盖利克等人的工作组成的，并导致 1662 年玻意耳和马略特各自独立地建立了关于气体压强和体积关系的定律。从 18 世纪起，另有一批人从另一角度构筑经典力学，人们称它为分析力学或解析力学。丹尼尔·伯努利和欧拉研究了多质点体系、刚体和流体动力学。达朗贝尔提出了以他的名字命名的用于代替运动方程的原理。拉格朗日建立了对于复杂情况特别适用的微分方程。稍后，科希在胡克弹性定律基础上对弹性胁变与形变做出了普适的数学表述，总结了变形体力学的最终形式。最后，哈密顿发展了拉格朗日微分方程，提出了最小作用量原理。该原理后来还被用于一系列非力学过程中，并被认为是所有自然规律中概括性最强的一个。雅可比提出了用于多体系的哈密顿－雅可比方程。从此，从质点到连续体的所有力学问题都已得到解决。理论上，经典力学达到了尽善尽美的地步。

　　光学起源于古希腊，经过 13 世纪培根等人的工作，17 世纪时斯涅耳和笛卡儿发展起几何光学，在实验基础上用数学方法推导出反射定律、折射定律和一些透镜的几何理论。1729 年，布拉得雷发现光行差，从而结束了光速是瞬时还是有限的争论。光行差的发现也为地动说提供了第一个确凿无疑的直接证据。1850 年，傅科和斐索测得水中的光速小于空

牛顿在做光学实验

气中的光速，这才结束了长期以来争论不决的关于光密与光疏介质中哪个光速更大或折射率更大的问题。牛顿对光学的贡献：一是颜色理论，证明白光是色光的混合；一是发现薄膜干涉，并以定量方法研究干涉现象。为了避免色差，牛顿于 1668 年设计了反射望远镜。1753 年，多朗德成功制造消色差折射望远镜，而格里马尔迪曾描述直杆和光栅的衍射现象。这样，干涉、衍射和偏振等现象的发现与光的本性问题的讨论相结合，光学便成为以后长期持有争论的学科。起初，牛顿、笛卡儿持射流说（微粒说），而胡克、惠更斯持波动说。两者各有千秋。从 1800 年起，由于托马斯·杨的工作，波动说出现了辉煌时期。杨提出波长、频率的概念和干涉原理，以此解释牛顿环，并首次近似地测定了光的波长。1809 年马吕斯发现光的偏振，他认为这是对牛顿微粒说的证明。然而 1811 年，阿拉戈用晶体观察到被偏振的白光的色现象；1815 年布儒斯特用实验证实，在反射光与折射光彼此垂直的情形下，反射光是完全偏振的。同年，对波动说做出全面推进的菲涅耳建立了带作图法的衍射理论，并与阿拉戈在 1819 年共同提出彼此垂直的偏振光不相干的证明，最终证实光的横向振动。从此，才建立了光的正确的波动学说。直到 1888 年，赫兹证实电磁波的存在并将光也统一其中，这又结束了光究竟在哪个方向振动的争论。后来，洛伦兹以反射理论，维纳以光的驻波实验各自独立地证明，电场强度的振动垂直于偏振面，而磁场强度的振动在偏振面上，从此光学成为电动力学的一部分。

17 ~ 18 世纪各种温度计的制造和温标的选定过程中，有两个定理曾推动热力学发展：玻意耳定律和 1802 年盖 - 吕萨克对理想气体膨胀的测定。后者指出，各种气体具有相同的热膨胀系数，即 1/266.6。后来更精确的测定值为 1/273。这是热力学的重要概念"绝对零度"的先导思想。起初，人们相信热是一种类似流体的物质。持此观念的苏格兰的布莱克是"潜热"概念的提出者，而且于 1760 年最早将热量与温度从概念上区分开。1842 ~ 1847 年间，迈尔、焦耳、亥姆霍兹等人先后从蒸汽机的效率、机械、电、化学、人的新陈代谢等不同侧面独立获得了热是一种能量、能量守恒以及各种形式的能量可相互转换的定律。特别是焦耳测定了热功当量，亥姆霍兹充分发展了能量守恒原理的普遍意义，而开尔文勋爵于 1853 年对能量守恒概念做出最后定义。约 1860 年能量守恒原理得到普遍承认。很快它就成为全部自然科学技术的基石。它揭示了热、机械、电和化学等各种运动形式之间的统一性，从而实现了物理学的第二次理论大综合。

　　能量守恒定律又称热力学第一定律。在卡诺对蒸汽机的热功转换进行研究的基础上，克劳修斯和开尔文分别在 1850 年和 1851 年建立了热力学第二定律。1865 年，克劳修斯给第二定律引入熵的概念，用它表示一个物理系统的能量耗散程度或称之为无序程度（又称混乱程度）。熵的概念和第二定律的建立，立即在化学、天文学以及一切与热现象有关的科学门类中起了重要作用。1906 年，能斯特提出热力学第三定律。随着热力学的建立和发展，分子运动论和热现象的统计方法也建立起来。在化学家创立了现代原子、分子概念后，1858 年克劳修斯提出了平均自由程概念，证明气体分子碰撞过程的特点。1860 年，麦克斯韦测得平均自由程长度值，并建立了速度分布定律。洛喜密脱以数学计算获得了气体分子半径和 1 克分子的分子数的准确数量级，后者被称之为洛喜密脱数。最终由麦克斯韦、玻耳兹曼和吉布斯发展了分子运动论并奠定了统计物理学的基础。在这一分支学科中出现了一个与牛顿体系不同的新的物理观念：统计物理不是研究单个质点

麦克斯韦

玻耳兹曼

或单体的运动状态，而是研究一大群分子的运动状态，"几率"（概率）的概念被引进物理学之中。统计力学可以处理分子运动论的所有问题。1887 年玻耳兹曼在熵和概率之间架起数学桥梁：熵和状态概率的对数成正比，其比例因子就是玻耳兹曼普适常数。此外，分子运动的微小涨落现象亦被发现。1827 年植物学家布朗发现悬浮粒子的运动，即布朗运动，涨落说可以很好地说明布朗运动是一种纯粹的热现象。1905 年爱因斯坦对此进行了研究，并被 1908 年皮兰的实验所证实，使原子概念最终得以确立。

　　电和磁是一门古老而又年轻的学科。古代中国人对此有一定贡献。1600 年吉伯发现地球是个大磁体，并出版了《论磁》一书。此后一直到 18 世纪初，电和磁的研究进展极为迟缓。其中较为重要的事件有：1745 年荷兰莱顿的穆欣布鲁克发明莱顿瓶；1752 年美国的富兰克林以风筝实验证明闪电与摩擦电的一致性；1775 年伏打描述起电盘，它是后来的感应起电机的原型。1785 年库仑发明扭秤，使他自己和卡文迪什各自独立发现两电荷间作用力定律，今称库仑定律。此后又引出了一系列进展。电磁发展史上的一个重大转折是由伽伐尼和伏打做出的。1792 年伽伐尼报告了关于蛙腿痉挛的实验，伏打立即将此观察变成一个物理发现，于 1800 年制成电堆。电堆提供的持续电流为电磁学发展开辟了一个崭新领域。它的最初影响是关于电解和各种离子迁移的一系列研究。1820

欧姆

法拉第

年奥斯特发现电流的磁效应。鉴于它的技术应用前景，一大批物理学家立即涌入这一新领域，两年内就奠定了电动力学的基础。其中，安培发现同方向电流彼此吸引，反方向电流彼此排斥，并提出电使磁偏转的方向法则，特别是创立了二电流元间相互作用的安培定律；毕奥和萨伐尔同时表述了单一电流线元的磁作用定律。1826年欧姆建立了电阻定律，清楚区分电动势、电势梯度、电流强度的概念，并为导电率概念打下基础。在电流磁效应发现的激励下，法拉第通过一系列实验，终于发现磁感生电流效应，并于1831年建立法拉第电磁感应定律。这是发电机的理论基础。法拉第的实验为人类开辟了一种新能源，打开了电力时代的大门。为解释他的实验，法拉第提出了力线概念。1855～1864年麦克斯韦在此基础上又引进了位移电流概念，从数学上建立了意义深远的电磁理论，即迄今闻名的一组矢量微分方程，并从该方程中导出电磁波的存在及其以光速传播的结论。法拉第、麦克斯韦等人的工作导致物理学史上第三次理论大综合，揭示了光、电、磁三种现象的本质统一性。1888年赫兹以实验证实电磁波存在，并证明它具有光的一切特性。电磁波的发现预示了无线电通信和稍后兴起的电视技术的到来，为现代人类的物质文明奠定了强有力的基础。至此，电磁学的理论基础大致上全部完成。

20 世纪近代物理学的兴起与发展

一般认为 1895 年 X 射线的发现是 20 世纪近代物理学开始的标志。近代物理学的两大基石即相对论和量子论彻底改变了物理学的理论基础，其中包括空间、时间、质量、能量、原子、光、连续性、决定论和因果关系等在经典物理学中已牢固确立的概念，因此在 20 世纪 30 年代之前掀起一场新的科学理论革命。

19 世纪末 20 世纪初，经典物理学在新的实验事实面前遇到了困难，原来与实验吻合的理论受到挑战。牛顿力学对于解释水星近日点的进动无能为力；以太模型随光波动说的

爱因斯坦关于狭义相对论的著名论文

确定而出现，人们已习惯并长期相信以太作为绝对静止的惯性坐标系存在，但在迈克耳逊主持的多次反复的实验中均得到否定以太存在的结果；再如，在固体比热、黑体辐射、X射线、放射性、电子和镭的发现等新的实验事实中，经典物理学不仅无法释疑解惑，而且似有大厦将倾之危。爱因斯坦看出，修补经典理论不可能完备，他致力于对物理理论基础的根本性改革，于 1905 和 1915 年先后创立狭义相对论和广义相对论。相对论否定了自牛顿以来的绝对时间和绝对空间概念，建立了新的时空观，并将牛顿力学作为一种特例概括其中。相对论既是天体物理和宇宙学的理论基础，也是亚原子世界微观物理学的理论基础。

普朗克为解释黑体辐射问题，于 1900 年提出能量子假设，引入了著名的普朗克常数。爱因斯坦在 1905 年提出光量子论，既解释了包括光电效应在内，经典物理学不能解释的一些问题，又证实并发展了普朗克的思想。光量子论认为，光既有连续的波动性质，又有不连续的粒子性质。1913 年，玻尔依据量子论提出一种原子模型，成功解释

玻尔

了只含一个电子的原子的光谱和其他性质。1923 年，德布罗意提出物质波概念，波粒二象性作为微观世界的基本特性之一为人们普遍接受。经过近 20 年的酝酿与准备，当时一批年轻的物理学家，如海森伯、狄拉克及玻恩、薛定谔等终于在 1925 ~ 1927 年间建立了量子力学，它成功解决了 19 世纪末提出的诸多物理问题。此后量子力学被广泛应用于原子、分子和金属性能的研究，加速了原子和分子物理学的发展，并且成为物理学通向化学和生物学的桥梁。

19 世纪末 20 世纪初，人们获得了 X 射线、放射性、镭等一系列惊人发现。1905 年爱因斯坦提出著名的质能关系式，量子论由初期解决辐射问题而进入到物质本体之中，从而打破了原子不可分的古老观念，人们对物质的认识从宏观世界深入到原子内部。1932 年查德威克发现中子，安德森发现正电子，考克饶夫和瓦尔顿用加速器实现人工核蜕变。1938 年，哈恩和斯特拉斯曼发现铀分裂即重原子核裂变现象。1942 年实现原子核

链式反应。在费米领导下，美国建成第一座原子反应堆，并于 1945 年制成第一颗原子弹。原子能时代从此揭开序幕。

从 1932 年发现中子、正电子开始，粒子物理学成为 20 世纪中期以后的热门课题。新粒子的性质、结构、相互作用和转化成为该学科主要研究内容。存在于自然界中的四种相互作用力（引力、电磁力、强相互作用力和弱相互作用力）的统一问题已经取得了相当的进展，但距真正的统一尚待时日。物理学分化出高能物理、原子核物理、等离子体物理、凝聚态物理、复杂系统的统计物理、宇宙学等一系列新的分支学科，传统物理学科也有极大的变化与发展。

物理学与技术的关系

经典物理学形成之初，磨镜与制镜工艺对物理学与天文学都有过帮助和促进。当牛顿建立起经典力学大厦时，现代一切机械、土木建筑、交通运输、航空航天等工程技术的理

瓦特发明的双动式蒸汽机，效率比 70 年前纽科门的设计提高四倍

论基础也得到初步确立。

　　18 世纪 60 年代开始的工业革命以蒸汽机的广泛使用为标志。起初，蒸汽机的热机效率仅为 5% 左右，为提高蒸汽机的效率，一大批物理学家进行热力学研究。瓦特曾根据布莱克的潜热理论改进蒸汽机。但是，当时尚未有人认识到汽缸的热仅仅部分地转化为机械功。此后，卡诺建立了热功转换的循环原理，从理论上为热机效率提高指明了方向，19 世纪下半叶奥托和狄塞尔的内燃机也因此出现。热力学第一、第二定律确立不久，英国土木工程师兰金就将它们编入《蒸汽机手册》之中。20 世纪初蒸汽机热效率可达 15% ~ 20%。这充分说明技术与物理之间的互动关系。

电磁学所有重大成就纯粹是在物理实验室诞生的：伏打电池成功获得了持续电流，开辟了利用电力的新时期；奥斯特发现的电流磁效应和法拉第建立的电磁感应定律为电气时代到来打下理论基础；实验室中用以演示感生电流的法拉第转子成为后来所有发电机和电动机的始祖。19世纪上半叶创建的一系列电磁学定律促成19世纪80年代钢铁、电力、化学、内燃机技术大飞跃，实验室里的成果最终令众多工业巨头诞生，如电机工业的西门子、钢铁工业的贝塞麦和马尔丁兄弟等。钢铁、冶金、电机方面的技术难题，尤其是燃料、能源的合理利用与成本问题又促使19世纪最后二三十年间的热辐射研究迅猛发展。类似地，麦克斯韦的理论预言和赫兹电磁波实验导致马可尼于1895年发明无线电，从而开创了无线电通信新时代，大大改变了人类的生活和文明进程。这又是物理与技术间的互动事例。

20世纪期间，爱因斯坦的质能关系导致原子弹制造和核能的利用，他于1916年提出的受激发射理论又引出1960年激光器的诞生。1932年发明的粒子加速器，1934年制成的电子显微镜，1936年发明的射电望远镜，1952年试验成功的氢弹，1957年上天的人造地球卫星及其后发展的宇宙飞船技术、遥感技术等，无一不是物理学的成果。电子计算机的出现引发了信息技术革命，其硬件从晶体管到大规模集成电路，处处与物理学成果相关，甚至可以说是物理学实验的结晶。

1945 年 8 月 9 日原子弹在长崎爆炸后腾起的蘑菇云

第四章

物质的奥秘——化学史

古代工艺化学和金丹术

人类从远古时代就开始利用化学手段提高生产水平和改善生活条件，这肇端于火的利用。

人类学会用火之后，在实践中逐步对与之有关的燃烧现象有所了解，进而广泛地利用于生活的各个方面，如利用焙烧黏土制造陶质生活用具和建筑材料；烧炼矿石提取铜、铁、铅、锡、银、汞等金属；熔炼合金，如青铜、钢、黄铜等，并用它们制造工具和兵器等。此外，人们又学会借助天然发酵作用酿酒、制饴、造酱、作酪，并发明了酒曲。在纺织和造瓷过程中人们又学会了采集、加工天然染料和矿物颜料，所有这些都利用了化学手段。所以古代化学又称为古代工艺化学或实用化学。

在较广泛地观察了自然（包括化学）变化之后，古代的一些哲学家也曾推测物质世界的组成和那些变化的动因以及遵循的规律。例如中国古代的一些哲学家把自然界的各种现象、物质及其属性分为阳和阴两大类，认为自然界是阳和阴的相互对立又彼此依存的对立统一体；又认为各种物质是由金、木、水、火、土五种基本要素、五种基本属性构成的。古印度哲学家则把万物的根本归结为地、水、火、风。古希腊的哲学家们则分别认为自然界的本原是一元的水，或是气，或是永恒的火。古希腊的亚里士多德把万物的组成归结为水、火、土和空气四种元素，又由它们构成冷、热、干、湿四种基本物性，并借此解释各种自然变化。古代哲学家对于物质的微观结构也有过某些猜测。但那些说法都只是经验的和思辨性的，没有实验的依据。

公元前后到中世纪（12～15世纪）期间，古中国、古希腊、古阿拉伯和欧洲都先后兴起了金丹术（炼丹术与炼金术的合称）——利用化学变化、借助化学实验操作的一类方术，从事这种活动的人称为方士或术士。中国的金丹术（炼丹术）兴起于公元前2世纪的汉代，方士们希图通过在土釜或金属丹鼎中烧炼"五金八石"，得到令人长生不死的金丹神药。希腊的炼金术兴起于1世纪，术士以工艺师和埃及工匠为主，他们企图利用廉价的金属烧炼成黑色的"死金"，再利用"灵气物质"（大约是硫磺类）而使其呈现银或金黄的颜色，实质上是一种金属染色术，是以发财致富为目的的欺诈行为，于3世纪末被取缔。8世纪，阿拉伯世界继承了希腊炼金术的技艺，并渲染上了更多的古希腊哲学色彩和说教，把"灵气物质"改称为"点金药"。11世纪阿拉伯炼金术传播到欧洲，很多国家的宫廷和教堂中都纷纷燃起熊熊烈火，竞相烧炼"黄金"，各种伪造的金银币曾经一度泛滥于欧洲大陆各国之间。金丹术从整体上充满了神秘主义色彩，实验记录多采取玄虚和隐喻的手法，因此当它消亡以后，这段历史的具

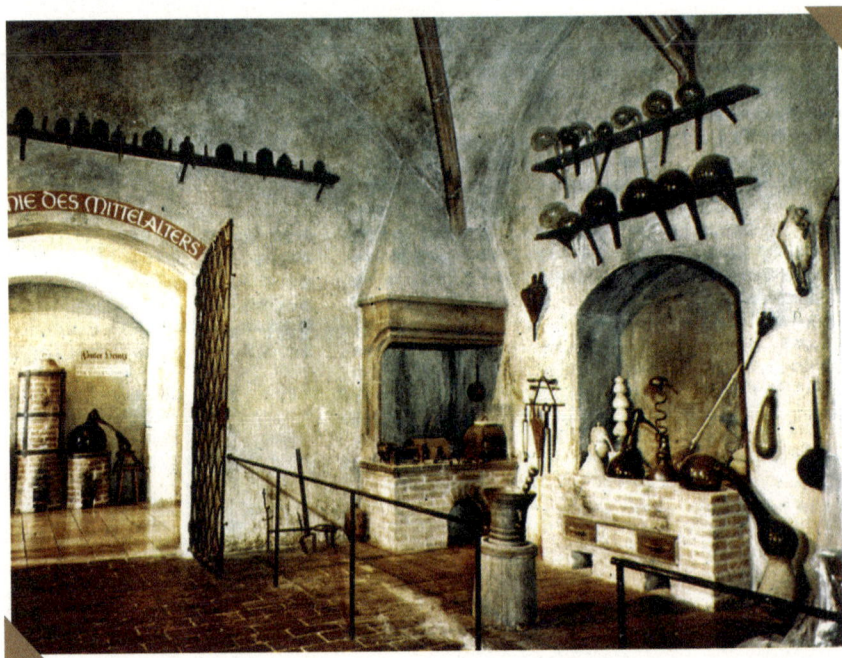

中世纪欧洲炼金术士的工作室

体内容几乎成为一座死寂的坟墓，在化学理论上也几乎毫无建树。但是方士们毕竟做了许多化学实验，制造出了许多化学制剂，有的后来成为有功效的医药。阿拉伯和欧洲的炼金术则广泛利用玻璃器皿，发明了蒸馏器，制作了风箱、坩埚、烧杯、蒸发皿、燃烧炉等原始的化学实验仪器、设备，并从动植物中提取到许多重要的、相当纯净的有机物和药剂，这些都为此后的化学肇兴创造了物质条件和实验经验。中国的炼丹术大约在 9 世纪时总结出了制造黑火药的经验，为人类文明做出了一大贡献。金丹术的失败也使方士们意识到金属嬗变的不可能，对此后化学元素概念的产生也有所影响。

欧洲医药与冶金化学

15 ～ 17 世纪炼金术彻底失败后，化学方法逐渐在欧洲的医药和冶金方面得到利用和发展，使化学与人类生活和生产结合起来并摆脱了神学的束缚。

16世纪欧洲的酒精蒸馏装置

17～18世纪欧洲药剂师的工作室

当时的医药化学家（药剂师）们从矿物、动物、植物中浸取、蒸馏出了一系列药剂，开始研究它们的医疗效果和生理效应。在理论方面，他们提出构成各种金属的要素是"硫""汞""盐"（它们只是三种属性）；人的疾病则是由于体内各种化学要素失去平衡，医疗就是用药物恢复其平衡，所以他们致力于化学药剂性质的研究。尤其在无机化学方面取得了空前的成果，通过干馏制得了硫酸（矾油）、王水、盐酸（海盐精），继而制造出了一系列无机盐，也记录下了许多化学反应。其代表人物是瑞士医生帕拉切尔苏斯和比利时医药学家海尔蒙特。与此同时，一些冶金师把化学手段应用于采矿、冶炼、鉴定、检测矿石，监测产品质量，还研究了许多金属的富集、提纯方法以及它们的化学性质，又总结出更多酸、碱、盐的制备方法。其代表人物是德国的医生和冶金家阿格里科拉。总之，这一时期在化学制备和化学理论上都达到了前所未有的高度，化学实验仪器也更加丰富和精巧。

近代化学的奠基

近代化学奠基于 18 世纪末到 19 世纪初。玻意耳、拉瓦锡、道尔顿等人的工作对化学学科的建立意义重大。

17 世纪中叶后，科学革命在天文、医学、物理领域的成功，使欧洲迎来思想文化的彻底变革。自然科学的崛起，促使化学研究遵循近代科学的模式，在摸索中发展。例如英国的化学家与物理学家玻意耳试图对各种化学反应加以机械论的描述。他在 1661 年发表的名著《怀疑派化学家》中雄辩地驳斥了亚里士多德和帕拉切尔苏斯的旧元素说，也否认当时流行的元素学说；他又根据气体的可压缩性和物质的溶解和挥发，发展了物质的微粒学说，并提出火的微粒说，认为金属煅烧增重是由于金属与火微粒的结合。但他并未提出新的元素学说，而认为各种物质的微粒只是大小、形状和运动特性的不同，构成微粒的基本材料没有什么根本不同。由于采矿冶金的发展和医学的进步，17 ~ 18 世纪中期很多化学家、生理学家广泛研究燃烧和呼吸现象，如德国的化学家和名医施塔尔便提出了燃素学说，认为一切可燃物中都含有一种气态的要素，即所谓"燃素"，燃烧过程是可燃物释放出燃素，后者又与空气结合而发光发热的过程。此后他又进一步把一切化学变化甚至化学性质都归结为燃素的存在和释放燃素与吸收燃素的过程。这一学说虽然对当时已知的大多数化学现象做了统一的解释，帮助人们摆脱了炼金术思想的桎梏，但却无法解释可燃物燃烧后增重的事实。此外，在这一时期，化学家通过气体试验，发现了碳酸气、氢气、氧气等气体，表明传统上的所谓"空气"是复杂物质，否定了空

拉瓦锡进行燃烧试验所用的化学装置

气是元素物质的陈旧说教。在矿冶发展过程中，许多化学家突破了火法试金，更多利用溶液反应进行化学分析，对化学反应的了解有极大扩展。

1772～1788年，法国化学家拉瓦锡通过白磷的燃烧、铅丹与木炭共热、汞灰加热等许多试验，令人信服地解释了燃烧的本质，即可燃物与氧气的化合过程；同时也判明氧、氢、氮都是独立的元素，都与燃素无关，而水是氢和氧的化合物，而不是元素物质，从而提出了燃烧的氧化学说，彻底批判了燃素学说，并将倒立在燃素说基础上的全部化学端正了过来。拉瓦锡对铅、锡的燃烧过程进行严格的定量试验，证明化学反应中参与反应的物质与反应产物间质量保持恒定。1789年在其《化学概要》中，他明确地定义了化学元素的新概念，并列出了历史上第一张元素表，并把元素分为简单物质（普遍存在于动、植、矿物中，如氧、氮、氢及光和热）、金属物质、非金属物质和成盐土质四大类。

这个表把当时已经发现并分离出来的所有元素物质（单质）无一遗漏地归纳进去，并且也没有误判任何一种化合物为元素物质。此外，他还最早制定了许多有机物的元素分析法。拉瓦锡的这一系列新理论、新发现和化学研究方法为近代化学

拉瓦锡

初步建立了基础，并很快为各国科学家普遍接受和仿效。因此，拉瓦锡被尊为近代化学之父。

道尔顿

　　1803 年，英国化学家、物理学家道尔顿在深入思考了玻意耳的微粒学说、拉瓦锡的新元素学说、许多关于气体的物理学研究以及化合物组成的定比定律、倍比定律后，提出了新的原子论，把原子说与新元素论统一起来成为有机的整体，相当合理地解释了当时所知的、简单的化学反应的机理。同时他又公布了根据别人的分析结果计算出的历史上第一个原子量表（但由于他确定化合物组成的原则过于武断，分析数据也不准确，因此所确定的原子量

道尔顿在收集甲烷

值并不正确）。他的原子论很快得到化学界的普遍支持。此后，原子量的测定问题得到广泛研究，但由于化合物组成问题一时未能解决，原子量与当量的概念时常被混淆，所以众多原子量表在50年间都没能得到统一的认可。直到1855年意大利化学家坎尼扎罗提出分子学说，完善了新原子论，才使以上难题迎刃而解。至此，原子－分子学说完成了近代化学的奠基工作，使它成为一门真正的近代基础学科。

19 世纪的化学

19世纪，元素周期律的发现、有机化学的兴起和物理化学的建立是这一时期化学领域最重要的成就。

物理学的新发现和新发明往往及时地帮助了化学的发展，解决了重大的疑难问题。1800年意大利的伏打发明了伏打电堆，化学家们立刻用这种新装置来研究持续稳定的电流所引起的化学变化。1858年德国的本生和基尔霍夫合作制成了第一台实用光谱检验议——看谱镜。它立刻成为化学家寻找新元素的有力武器。

随着化学分析法的进步，又有伏打电堆的辅助和光谱检测法的介入，到1868年人们已发现了63种化学元素。关于它们的物理及化学性质的研究成果也积累得相当丰富，原子-分子学说在1860年的卡尔斯鲁厄会议以后很快得到普遍公认，从此有了统一、正确而且相当精确的原子量。1857年、1858年德国的凯库勒和苏格兰的库珀又提出了原子价键概念，阐明了各种原子相化合时在数目上所遵循的规律。于是化学家们开始思考：自然界中究竟存在有多少种元素？各种元素间是否存在着内在联系？为回答这些问题，从19世纪20年代起，化学家们进行了一系列尝试和推测，俄国化学家门捷列夫从中受到极大启发，通过对已掌握的大量化学事实进行对比，他在1869年提出了历史上第一张化学元素周期表，并论述了元素周期律。这是化学发展史上的另一个里程碑，不仅为无

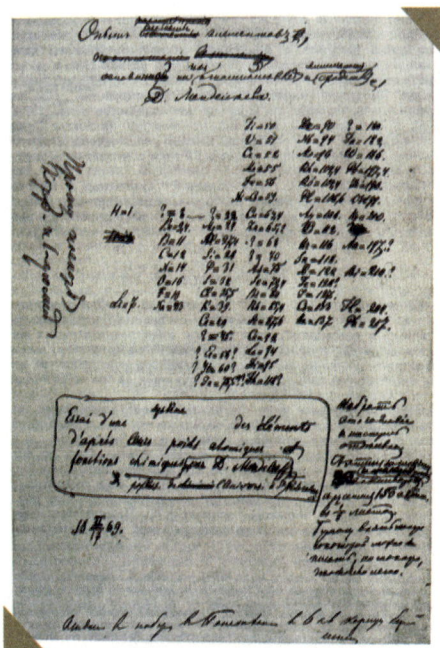

1869年门捷列夫的元素周期表手稿

机化学的进一步发展提供了理论基础，而且对整个化学的发展起到了重要的指导作用。1898 年，英国化学家拉姆齐等又发现了多种惰性气体元素，为周期表补充了零族。1913 年，英国物理学家莫塞莱揭示了原子序数，从而更深化了化学家对元素周期律的理论认识。

有机化学在 19 世纪 20 年代前处在积累经验阶段。已知的千百种有机化合物居然只由碳、氢、氧、氮、硫几种元素构成，依据当时的无机化学知识和原子－分子学说似乎很难理解，而且即使是简单的有机化合物，在实验室中也无法人工合成。直到 1828 年，德国的维勒首次从无机物人工制得了有机物尿素，不久后化学家们又从无机物，甚至从单质出发人工合成了甲烷、乙炔、糖类物质和有机酸。这些成果鼓舞了化学家对有机物人工合成的广泛尝试和对有机反应的研究。1830 年前后，化学家已经发现有机化合物中存在化学组成完全相同而性质迥异的同分异构体。过去化学家研究无机化合物时只认识到物质的化学性质决定于元素组成，而现在认识到了解有机化合物还必须辨明化合物中各种原子数和原子彼此排列、组合的方式，这启发了化学家们去探讨有机化合物的结构及相关理论。有机结构理论研究最初由有机化合物分类开始。化学家们从不同视角，把数目庞大的有机化合物分成各种类型、体系，进行归纳研究。如果已知某一有机物质属于哪一类型，就有可能推测出其性质和合成方法。鉴于所有有机化合物中碳元素总处于主体组分，凯库勒在 1858 年提出碳原子可以自己衔接成链的学说，其他元素的原子则缀连在碳链上。同年，库珀把化合物中原子间的连接称为化学键。碳原子的成链结构在探讨、说明脂肪族化合物时相当令人满意，但在解释苯等芳香族化合物的结构时，碳链学说遇到困难。直到 1865 年凯库勒凭借丰富想象力提出苯的封闭式六元环状链结构，解决了疑难，极大地推动了有机化合物结构理论的发展。19 世纪下半叶有机合成化学取得了一系列重大成果，人工合成了众多具有重大工业前景或理论意义的化合物，包括人工合成染料、有机药物与合成炸药等。

维勒曾长期工作的格丁根大学维勒实验室

　　物理化学有很多分支，都是探讨化学反应的基础理论，它是在物理学中的热学、热力学、电学研究成果的直接启发下孕育、发展出来的。这类研究发端也很早，但成为化学的一个分支学科则在 19 世纪中叶以后，是从研究化学反应的热效应开始的。化学热力学探讨化学反应发生的动因、反应自发进行的方向及进行的程度等理论问题。18 世纪末化学家已经注意到化学反应中各种物质的质量及其产物的性质（尤其是挥发性和溶解度）影响着反应速度和反应进行的程度。在前人研究的基础上，1878 年，美国理论物理学家和化学家吉布斯发表论文，首次在化学热力学中引入了一个描述体系的新状态函数，即吉布斯自由能。这项研究奠定了化学热力学的基础。1888 年，法国物理化学家勒夏忒列提出一个普遍规律："在化学平衡的任何体系中，平衡诸因素中的一个因素（如温度、压力、浓度）的变动，会导致平衡的转移，这种转移将引起一种和该变动因素符号相反的变化。"

　　溶液理论是对溶液行为的研究，从有机物溶液某些性质（渗透压、凝固点降低、沸点升高、蒸气压降低等）的依数性规律的发现和研究开始。1887 年，瑞典物理化学家阿伦尼乌斯提出了酸、碱、盐（电解质）溶于水后自发地离解成荷电的正、负离子的"电离学说"，并认为溶液越稀，电离度越大。这一学说正确解释了这类溶液依数性的反常，还解释了溶液中的反应热、沉淀、水解、缓冲作用、指示剂变色等一系列问题。

19世纪，化学动力学主要研究化学反应速率问题。到 1899年，阿伦尼乌斯提出反应速率取决于活化分子的浓度，温度升高能够使活化分子显著增加。活化能的概念从此建立。此外，作为化学动力学的分支，催化剂的机理研究和应用对化学理论和工业生产都意义重大。1895年，德国物理化学家奥斯特瓦尔德正确判断出：催化剂不参加到化学反应的最终产物中，而只是改变反应速率；催化剂仅能加速反应平衡的到达，而不能改变平衡常数。

20世纪的化学

20世纪，化学与物理学、生物学等基础学科以及技术科学更加彼此依靠、相互促进，各种交叉、边缘学科大量出现。

20世纪的化学基础研究几乎是数、理、化的完全融合。化学的发展也使传统的无机化学、有机化学和物理化学之间的界限日益模糊，每个重大的化学研究领域或课题几乎都是它们的相互渗透。20 世纪的化学研究与生产、技术、应用之间，从原来 17 世纪时强调相对独立，又转向了相互依托，结合日益密切，所以这时的化学研究往往以材料化学、能源化学、国防化学、医药化学、环境化学、生命中的化学等名目来归类、规划和组织。20 世纪化学的飞速发展在极大程度上受益于众多新型、高精仪器的及时研制与迅速商品化，化学实验的效率更是空前提高。在 20 世纪，化学家们从对分子本身问题（结构、性能、变化）的研究而建立结构化学、化学动力学、反应机理学等学科，走向研究和阐明分子之间的作用、结构、性能、应用，使化学科学在理论与应用方面都获得了极大的突破。

第五章

生命之谜——生物学史

古代和中世纪的生物学

古代人在采集、渔猎和农业生产的过程中，积累了动植物的知识；在抵御恶劣环境条件、防治瘟疫疾病的过程中也积累了医药知识。

约公元前5000年古巴比伦人及亚述人就知道枣椰树有雌雄之分。古代埃及人制作了木乃伊，表明已了解草药的防腐性能。公元前1500年印度的医学已较发达。公元前6～前5世纪释迦牟尼时期就有医学学校，在梵文本的医书内记述了割治白内障、疝气等的手术知识以及960余种药草。中国幅员辽阔，动植物资源丰富。两晋时期学者郭璞的《尔雅注》

是中国动植物分类研究史上的一个重要发展。明清时期，以《本草纲目》等为代表，对食用和药用动植物的研究将中国传统的生物分类学推向最高峰。

公元前6世纪，希腊哲学家阿那克西曼德提出生命是在泥土内自然发生的，最初产生动物和植物，以后产生人；最初的人像鱼，生活在水中，以后脱去鱼的外皮，到陆地上生活。在阿那克西曼德之后，亚里士多德是第一个系统掌握生物学知识的人。他在动物分类、解剖、

亚里士多德

胚胎发育等方面做了大量工作，著有《动物志》《动物的结构》《动物的繁殖》和《论灵魂》等。在动物分类方面，他所用的"属"和"种"是一种逻辑概念。在实际分类时，他一方面使用逻辑上的两分法，如有血或无血，有毛或无毛，另一方面也注意根据动物的外部形态、内部器官、栖居地、生活习性、生活方式等许多特征。他把动物分成有血动物与无血动物。他正确描述了哺乳类的特点，并能区分哺乳类的真胎生和哺乳类以外的卵胎生。他描述了500多种动物，并对其中50多种做了解剖。他根据物质的热、冷、湿、燥4种特性，把热、湿列于冷、燥之上，依此形成的生物阶梯图把温暖、潮湿的人和哺乳类排在生物的顶端，把低等植物排在底

层。在对动物发育的观察研究基础上，他把动物的繁殖分为有性、无性与自然发生三类。提出灵魂是生命与非生命物质的区别，而灵魂又有植物性、动物性与理性三个等级。这些开创性研究使亚里士多德被公认为生物学的创始人。在亚里士多德之后，亚历山大学派的希腊医生、解剖学家希罗菲卢斯把人体结构与大型哺乳类结构进行了比较。认识到脑是神经系统的中枢，智慧的所在，并把神经区分为感觉神经和运动神经，把血管区分为动脉与静脉。稍后，希腊生理学家、医生埃拉西斯特拉图斯精确地描述了心脏，把心脏看作一个水泵，把瓣膜看成是单向泵中的可动阀门。他研究了动脉与静脉在人体内的分布，猜测有毛细血管存在。

公元前 1 世纪罗马人的版图不断扩大。他们比较重视实用，因此与农、医有关的生物学有一定的发展。如迪奥斯科里德斯随罗马远征军到过许多国家，广泛考察了植物。他的《医药资料》一书是西方最早的本草学著作。同时代的老普林尼著有《博物志》37 卷，详细记述了多种动植物的习性及其同人类生活的益害关系，对后世有较大影响。

中世纪虽然长约 1000 年，但生物学没有什么重大发展。12 世纪植物学和动物学开始从医药、兽医方面独立出来。13 世纪科学活动的重点移到了欧洲。1200～1225 年，亚里士多德全集被译成了拉丁文。德国学者大阿尔伯特的动物学、植物学著作虽仍以亚里士多德的学说为基础，但已补充了许多新的观察事实。随后，意大利成为中世纪最活跃的科学中心。14世纪初，意大利解剖学家蒙迪诺·戴·柳奇亲自解剖尸体，纠正了前人的一些错误，于1316年出版了《解剖学》一书，在阐述人体结构时也记述了器官的功能，使中世纪的解剖生理学达到了高峰。

近代生物学的产生与发展

文艺复兴后的17世纪，生理学继解剖学成为医学的重要部分。实验方法也继观察、描述、比较和推测之后开始在生物学中应用。

文艺复兴时期生物学上最重要的成就是英国医生、生理学家哈维建立的血液循环学说。哈维根据他对几十种动物所进行的实验与观察，首次认识到血液并非在静脉内涨落，而是从心脏通过动脉流向各种组织，再经静脉流回心脏的一种闭路循环。1628年，他出版《动物心血运动的研究》一书，阐明血液在体内不断循环的新概念，指出心脏是主动收缩、被动舒张的；血液从心脏经动脉流向全身，是由于心脏收缩的机械力而不是缓慢的渗透过程。哈维首先把物理学的概念和数学方法引入生物学中，并坚持用观察和实验代替主观的推测，使他被公认为近代实验生物学的创始人。

文艺复兴后，地理探险和海外贸易迅速发展，到 17～18 世纪随着动植物标本的大量采集和积累，分类学得到了很大的发展，对物种的认识也从长期占主导地位的物种不变观点，逐步过渡到生物进化的思想。17 世纪显微镜的发明，揭示了动植物的微细结构与微生物世界，促进了组织学、细胞学、微生物学的发展。19 世纪人们开始发现动植物间的相似性与亲缘关系，形态学、比较解剖学、胚胎学、古生物学得到较大的发展。30 年代末，德国植物学家施莱登与生理学家施万建立了细胞学说。1859 年，达尔文进化论的建立对生物学及其他有关学科的发展产生了重大影响。19 世纪中后叶，物理、化学和数学的知识和研究方法逐渐渗入生物学的研究领域，使生物学向着更深的层次发展。

显微镜及动植物微细结构

1609 年，伽利略制成一台复式显微镜，并对昆虫进行观察。英国物理学家胡克于 1665 年用自制的复式显微镜观察软木薄片，发现有许多蜂窝状小空室并称之为细胞。这个名词

胡克的显微镜

一直沿用至今。意大利解剖学家马尔皮基开创了动物与植物的显微解剖工作。1660年他通过向蛙肺动脉注水的方法，发现有连接动脉与静脉的毛细血管，证实了哈维未能观察到的由毛细血管连接动、静脉的血液循环。他系统地描述了植物各部分的结构，并且提出植物的各部分是由"小囊"（即细胞）组成的。荷兰显微镜学家列文虎克自制了许多性能优良的显微镜，最高的放大倍数达270倍。在19世纪显微镜改进之前，他首先看到并记述了细菌。

分类原理

意大利植物学家切萨皮诺首先在其巨著《植物十六卷》

中应用了一致的植物分类法。为提出一个易于鉴定的系统，他借用了亚里士多德通过逻辑区分的向下分类法。由于切萨皮诺在实际分类时先把植物分成自然类群，然后再寻找适用的关键特征，所以由他划分的 32 类植物整体上符合自然分类。他的分类系统对以后 200 年的植物学，包括对瑞典的林奈都很有影响。

林奈

林奈发展并完善了双名法，建立起一整套生物分类系统以及对应的分类方法，是近代植物和动物分类学的奠基人。林奈以雄蕊和雌蕊作为系统分类的基础，根据它们的数目与排列，把植物分成 24 个纲。1735 年，他出版了《自然系统》一书，把自然物分为植物、动物、矿物三大界；把动植物各分成纲、目、属、种四个阶元，首次实现了植物和动物分类范畴的统一，增强了生物科学的整体性。林奈对动植物命名时采用由属名和"种加词"组成的双名名称，完善和推广了双名法。他起初用单个词代表属名，用几个词简述种的特征。以后改用两个词命名每种植物，并将此种方法扩展到动物方面。他统一采用拉丁文命名。属名采用大写的名词，种名采用小写的形容词。林奈认为种和属都是从一开始就被创造出来的，他以属作为分类基础，把向下分类法严格限制在

Trochilidae. — Kolibris.

博物学自林奈后获得了巨大的发展，许多精美的博物画
作品亦随之出现，代表作家如恩斯特·海克尔

属的水平。他强调的是"发现"属而不是"设置"属。林奈在确定属时，首先根据植物的外形，随后再详述其本质。因此，他划分的许多属符合自然分类。但他出于应用方便而划分的"纲"和"目"，则多是人为的。

林奈及其先驱大都认为自然界的多样性反映了某种深刻的秩序或和谐，但却归之为造物主的设计，这种人为的分类方法造成了许多混乱。从 17 世纪末到 19 世纪，逐渐兴起一种完全不同的方法，即向上分类法或综合分类法。这种方法把各个种归纳为相似的类群，再把相似的类群结合成更高的分类阶元。这种方法不仅方向相反，而且从依靠单一特征转向利用并同时考虑多种特征。但是经验分类学家根据"相似性"进行归类，并未考虑其中的因果性关系。直到达尔文运用进化论明确指出同一分类阶元内各成员间的相似性来自它们共同的祖先，才为进化分类学奠定了基础。

胚胎学研究

亚里士多德认为胚胎发育或是预先形成，或是从无结构状态分化而成，但他更倾向于卵是未分化的物质，受精后才开始形成器官。这是关于胚胎发育的先成论与后成论的最早起源。1677 年荷兰的列文虎克用显微镜发现精子。哈尔措克描绘了自称用显微镜看到的含有小人的精子。他们主张一切生命起源于精子。因此，先成论又以卵原论及精原论两种形式出现，直到 18 世纪仍占统治地位。18 世纪后叶，德国胚胎学家沃尔夫证明植物的叶、茎、根等，是由植物的生长点分化发育成的，鸡血管与肠道的形成也有一个过程，不是一开始就存在的，主张后成论的观点，但是由于先成论占很大优势，他的工作直到 19 世纪才被承认。19 世纪早期，俄国胚胎学家潘德尔研究鸡胚发育，证明各种器官都是由原始胚层形成的。随后，俄国胚胎学家贝尔肯定了沃尔夫、潘德尔的观点，进一步提出：动物胚胎发育过程中出现四个胚层，以后形成各种器官。（后来德国生物学家雷马克改进了这个观点，认为一共只有三个胚层，即沿用至今的外胚层、中胚层和内胚层。）贝尔通过他的工作彻底否定了预成微小个体的先成论观点。他还发现了哺乳动物的卵；发现脊椎动物在胚胎发育过程中曾出现过脊索；提出高等动物的胚胎与低等动物并不相似，但高等动物的胚胎与低等动物的胚胎在发育的早期彼此却很相似的观点。这些出色的工作使贝尔被公认为近代胚胎学的奠基人。

微生物学研究

自列文虎克发现微生物到 18 世纪，微生物研究没有多大进展。19 世纪 30 年代，法国生理学家拉图尔于 1836 年、德国动物学家施万于 1837 年分别报道了酒精发酵与酵母有关。1857 年巴斯德在关于乳酸发酵的报告中指出，在糖变成乳酸的过程中有乳酸酵母（即乳链球菌）在起作用。1877～1881年，巴斯德从事炭疽病研究。德国细菌学家科赫于1876年已揭示炭疽病杆状弧菌（后称炭疽杆菌）的生活史，指出了它的传病途径，并首先证明炭疽病是由细菌感染引起的疾病。1878年，巴斯德检验炭疽病致死动物不同时间的血液，发现随着时间的延长，血液内的杆菌（炭疽杆菌）逐渐为败血弧菌所代替。这种现象说明了死后两三天的病畜血液内没有杆菌的原因。1878～1879年，巴斯德发现鸡霍乱病菌经连续培养可减低毒性，使鸡得病而不死亡，由此试制鸡霍乱疫苗并获得成功。1880年，他转向研究炭疽病疫苗，以后又研究猪丹毒和狂犬病疫苗，均获成功。19世纪后期，在巴斯德、

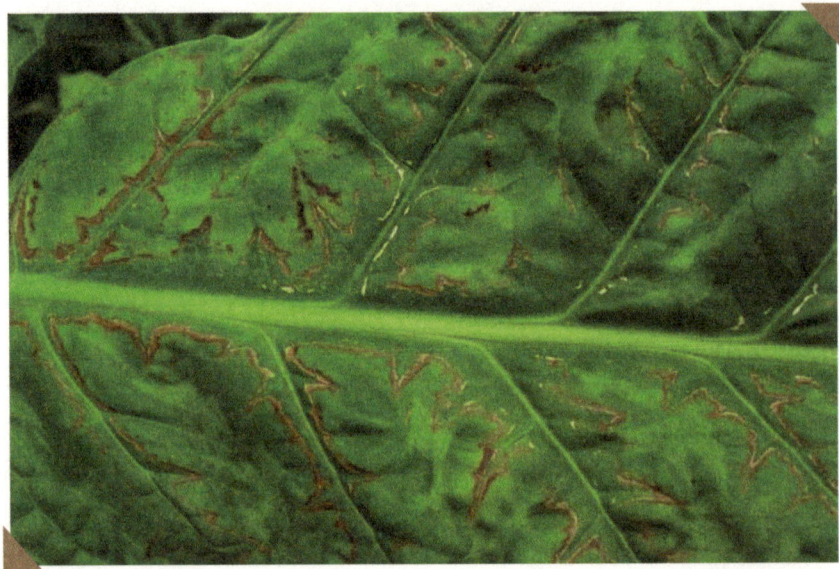

感染了病毒的烟草花叶

科赫等人工作的基础上，对免疫机制的研究形成了两个学派。俄国动物学家、免疫学家梅契尼科夫在研究炎症时发现微生物在血细胞内被消耗的现象，认为血细胞具有保护有机体、防止感染性物质侵袭的作用，提出细胞吞噬理论。科赫认为免疫依赖于血液和体液中诱导出来的某些因子，为以后免疫学说的发展提出了重要的依据。1892 年，俄国微生物学家伊万诺夫斯基发现烟叶可被能通过滤器过滤的花叶病汁所感染。1897 年，德国细菌学家勒夫勒证明，引起牲畜口蹄疫的也是一种可通过滤器过滤的病毒。这是揭开非细胞微生物——病毒奥秘的开端。

细胞学说的建立

1831 年，英国植物学家布朗在兰科植物叶片表皮细胞中发现了细胞核。1835 ～ 1837 年，捷克生物学家浦肯野及其学生瓦伦廷对构成动物某些组织的"小球"进行描述，并提到与植物细胞有相似性。1838 年德国植物学家施莱登发表《植物发生论》，提出只有最低等的植物，诸如某些藻类和真菌是由一个单细胞组成的，高等植物则是各具特色的、独立的单体即细胞的集合体，因而认为细胞是组成植物的基本生命单位。还认为细胞的生命现象有两重性：一方面细胞是独立的，只与自身生长有关；另一方面又是附属的，是构成植物整体的一个组成部分。他研究植物的个体发育，发展了布朗关于细胞核的看法，认为核与细胞的产生有密切关系。施万获悉施莱登的研究成果而受到启发，认识到从细胞核入手对论证植物细胞与动物细胞的一致性有重要意义，于1839年出版《动植物结构和生长一致性的显微研究》，提出了细胞学说。他提出一切动物和植物都是由细胞组成的，有机体的各种基本组成都有一个共同的发育原则，即细胞形成的原则，并认为细胞是生命的基本单位。一切有机体都从单个细胞开始生命活动，并随着其他细胞的形成，不断发育成长。细胞学说建立后的主要进展是原生质理论的建立和动植物细胞有丝分裂、减数分裂一致性的证实。

进化理论的确立

法国生物学家拉马克早期研究植物时，相信林奈的物种不变说。后来，他通过软体动物化石研究及与近代种类的比较研究，发现其间的相似性，才相信存在着许多种系系列，在整个历史时期内经历着缓慢的渐变。他于1800年开始持有这种进化观点，并在1809年出版的《动物学哲学》一书中对有关进化的问题进行了全面系统的讨论。他认为物种变异的机制主要是用进废退和获得性遗传。拉马克学说由于思辨性较强，不少解释缺乏事实根据，因此很少为生物

拉马克

学家所接受。19 世纪前期，自然神学在英国学术界有很大影响，在达尔文的《物种起源》出版之前，在英国接受进化思想的人极少。

达尔文于 1831 年参加贝格尔舰的环球航行，在 5 年航海生活中观察到大量的现象，收集到丰富的材料。南美洲从北到南相似的动物化石类型逐渐更替，加拉帕戈斯群岛的地雀既具有南美大陆鸟类的特性，又在岛屿之间略有差异。这些现象使他产生了物种渐变的想法。1837 年 3 月，当达尔文从鸟类学家古尔德处获悉，在加拉帕戈斯群岛的三个岛屿上采集到的地雀确有种的差异时，他终于认识到地理因素引起物种形成的过程，从而否定了物种不变的观念。1837 年 7 月他开始就物种变异问题进行写作，他相信自然界的一切变化都是逐渐的而不是突然发生的。1838 年 10 月他阅读马尔萨斯的《人口论》时，体会到在动植物界生存斗争始终在进行着，在这样的环境条件下有利的变异将被保存，不利的变异将被消灭，其结果就是新种的形成，因而得出了自然选择的理论。从 1858 年起到 1859 年 3 月，达尔文完成了《物种起源》一书的写作。1859 年 11 月 24 日《物种起源》出版，当天即被抢购一

达尔文

空。同时,《物种起源》也遭到了学术界、宗教界等方面的强烈反对,甚至恶毒诽谤。这主要因为达尔文以自然界的规律代替了"造物主的智慧",并直接涉及人类自身的由来及历史,使宗教的基本信念发生了动摇,导致科学与宗教间的更深刻冲突。但是《物种起源》也受到英国和其他国家一些学者的积极支持,像英国的赫胥黎、德国的海克尔等,都为达尔文进化论的传播做出了重要贡献。

遗传规律的发现

孟德尔对植物杂交和遗传现象很感兴趣,1856 年开始从事豌豆杂交试验,由于受翁格尔关于研究变种是解决物种起源的关键这一思想的影响,他采用了种群分析法,而不是研究单个个体。他选择了豌豆品种这一理想材料作为研究对象,把工作限于彼此间差异十分明显的单个性状的遗传过程,这使统计分析实验结果变得十分便利。经过 8 年研究,孟德尔于 1865 年报告了他的实验研究结果,主要包括:①分离规律。杂交第一代通过自花授粉所产生的杂种第二代中,表现显性性状与表现隐性性状个体的比例约为 3:1。②自由组合规律。形成有两对以上相对性状的杂种时,各相对性状

孟德尔

之间发生自由组合。为解释这些结果，孟德尔提出一些假设：如遗传性状由遗传因子所决定；每一植株含有许多成对的遗传因子；每对遗传因子中，一个来自父本雄性生殖细胞，一个来自母本雌性生殖细胞；当形成生殖细胞时，每对遗传因子互相分开，分别进入一个生殖细胞等。他的实验结果及其假设表明遗传绝不是融合式的，而是"颗粒式的"，亦即决定某一相对性状的成对遗传因子在个体内各自独立存在，互不沾染，不相融合。可惜的是，此后的 35 年间，他的成就并没有对同时代的生物学家或有关遗传的研究产生影响。直到 1900 年，孟德尔的研究才被人重新发现。

20 世纪的生物学

20 世纪的生物学由于越来越多地受到化学、物理学、数学从原理到方法的巨大影响，在微观方面向着生物大分子的水平发展，在宏观方面生态学向着生态系统的水平发展。

　　20 世纪生物学的各个分支学科，包括分类学、生理学、进化论等都取得了重要进展，但促使生物学发生根本变化的主要分支则是遗传学、生物化学和微生物学。遗传学的研究从 1900 年孟德尔定律的再发现以后与细胞学相结合，随之建立了基因论。到 30 年代，基因论已被公认是在生物个体水平和群体水平上研究性状遗传的指导理论。遗传学也因而在生物学中甚至在整个科学中占有重要地位。生物化学自 1877 年提取出离体的"酿酶"以后，对生物体内新陈代谢的研究进展迅速，到 40 年代生物体内分解代谢途径已基本阐明。同时，酶的本质和生物能的研究也有长足进展。对蛋白质、核酸、碳水化合物、脂肪等生命基本物质则不仅阐明其基本组分，并且开始了三维结构的探索。微生物学除了对霉菌、细菌继续研究外，在 30 ~ 40 年代还阐明了病毒与噬菌体的本质。这三个分支学科各自的发展和相互交叉，为分子生物学的出现奠定了基础。

　　第二次世界大战以后，生物学发生了质的飞跃。1953 年 DNA 双螺旋结构的发现标志着分子生物学的诞生，也标志着生物学开始揭开生命之谜。此后，遗传密码的破译，DNA 重组技术的建立，不仅创建起分子遗传学，而且使肿瘤学和免疫学都在分子水平上取得突出成就。神经生物学，特别是在大脑的研究方面，也出现重大突破。

噬菌体有着奇特的外观，宛如外星来客

第六章

文明的浪潮——科技革命

科学技术革命

科学革命与技术革命为现代文明的诞生奠定了基础。科学革命是人类认识领域中的革命。技术革命则意味着劳动手段的突破、生产力的飞跃，以及人的体力和智力的解放，甚至深刻改变一个国家乃至世界经济的面貌。

科学革命

科学革命是科学事实的发现和科学理论的建立所导致的科学知识体系的根本变革，常表现为学科发展历程中的断裂和飞跃，以及新旧基本定律、理论的转换。科学革命的实质是人类认识的飞跃，是人们科学世界观的重大转换。具体说科学革命既是具体科学理论体系的更迭，也是人们科学思维方式的变革；既是人们对某学科领域认识水准的大提升，同时确立起一些新认识论和方法论的准则；既深刻地改变了人们所认识的世界，亦极大地拓展了人们认识自然和自身的空间。也就是说，在科学革命的前后，人们所观察到世界图景是很不相同的；科学革命所创建的科学理论，是奠定新的世界图景的基础，亦是确立新的思维方式的基础。一定的世界图景与其相应的思维方式是密不可分的：牛顿力学的微粒图景与机械论思维方式不可分；热力学的能量图景与守恒循环的思想不可分；生物进化论的图景与演化的自然观不可分；相对论和量子力学基础上的宇宙演化图景与不确定性、生成论的思维方式不可分。因此，重大的科学革命也总是成为新的自然观的理论起点，成为整个时代的新思维方式、人类哲学思想的新源泉。

科学发展过程中常会出现一些反常现象，当一系列反常现象汇集在一起并使现有的科学理论面临重大困难时，人们对现有科学理论的信任便产生危机，这被称为科学危机。此时，原有的科学概念、理论体系、思维方式、研究方法等在危机期普遍失灵。这些反常和危机，促使研究者产生怀疑，萌发新的思维方式，从而促使新理论体系和研究方法的诞生，进而形成科学革命。因此，科学的发展一般要经历常规期、反常期、危机期、革命期。革命期后则产生的新的常规期，形成新的一轮发展周期。所以，科学危机常常是科学革命的前夕。

科学革命的内容是新科学概念、新定律、新理论体系、新研究方法的全面确立，替代传统的概念、定律、理论和方法，并解决大部分反常现象，使该领域的学者获得一套全新的处理和思考问题的理论工具。如 16 世纪的天文学革命，哥白尼的"日心说"取代托勒玫的"地心说"；20 世纪的地学革命，板块构造学说替代地槽地台学说。科学革命起自 1543 年哥白尼《天体运行论》和维萨里《人体构造论》的发表。其中学科一级的科学革命有：16 世纪以哥白尼日心说为标志的天文学革命；17 世纪以牛顿力学为代表的物理学革命；18 世纪以拉瓦锡燃烧说为标志的化学革命；19 世纪以达尔文的进化论为代表的生物学革命；20 世纪以量子力学和相对论为代表的物理学革命，以大陆漂移说和板块构造说为标志的地学革命，以 DNA 双螺旋模型即脱氧核糖核酸双螺旋学说为代表的生物学革命。整个科学的科学革命现一般认为自 1543 年以来发生了三次：第一次科学革命为 16、17 世纪近代科学的产生，起自哥白尼日心说，终于牛顿力学；第二次科学革命发生于 18 世纪末和 19 世纪，包括拉瓦锡启动的化学革命，以后的热力学定律、电磁场理论、电子论，19 世纪三大科学发现（能量守恒定律、细胞学说、进化论）；第三次科学革命是

在革命性理论刚刚提出时，大都遭到了当时学术界的抵制和怀疑

达尔文提出进化论后，报纸上出现了大量讥讽他的漫画

20世纪现代科学的诞生，起自量子力学、相对论，包括板块构造说、DNA双螺旋说、老三论（系统论、控制论、信息论）和新三论（突变论、协同论、耗散结构论）等。

科学革命的作用和影响是多方面的，主要是：①科学发展的动力，促使科学跃进性发展。在常规期科学是渐进性发展，危机期科学是缓慢乃至停滞性发展，革命期科学是跃进性发展。②技术发展的基础，促使技术飞速发展。在近代科学产生之前，技术的发展主要依靠经验的积累，发展缓慢；近现代科学诞生后，在科学理论指导下技术加速发展，科学愈发达，技术就愈发展，在科学革命时期或以后技术就飞速发展。③促进人类哲学观的更迭。有些科学革命（哥白尼日心说、牛顿力学、达尔文进化论、20世纪初的量子力学和相对论等）影响十分广泛，不但重新塑造了本学科理论体系，波及其他学科的解释模式和思维方式，而且影响到整个时代的哲学精神。如达尔文进化论把上帝创造观更迭为自然进化观。④影响社会变革。如第一次科学革命后，科学与哲学相结合，引发启蒙时代和法国大革命；科学与实践相结合，产生英国产业革命。⑤促进社会生产力的大发展。每次科学革命，都直接地或间接地成为技术创新的先导，如法拉第和麦克斯韦的电磁场理论、洛伦兹的电子论，促使电力技术、电信技术应运而生；道尔顿和阿伏伽德罗的原子－分子学说，促使化学合成技术和物理化学技术随之兴起。

技术革命

　　技术革命是技术发展中具有飞跃性质变的重大变革，表现为生产工具和方法、工艺过程方面的重大变革。技术革命的特点是：①在技术原理、技术规则和技术手段等方面，产生重大的新的发明和突破。②引起总体技术结构的变化，对技术发展起了强大的连锁反应式的推动作用。③在技术发展史上成为划时代的重大事件和标志。④形成新的现实生产力，改变着人类经济、生活的内容和形式，并成为新的产业革命和经济大发展的前提和基础。技术革命的作用是改变劳动的条件、性质和内容，改变生产力的结构，导致劳动生产率迅速提高。同时技术革命也是人摆脱繁重体力劳动、在生产中的地位得到提高的过程。

　　技术革命包括下述内容：

　　①石器利用与制造。古人类学研究表明，石器工具的出现是人类演化史上具有决定意义的一步，标志着人类自此告别动物界，开始新的纪元；促使人脑演化，思维自此产生。人类社会今天的一切都源于这一"技术"基础的奠定。

　　②火的利用与制造。人类对火的利用很早，距今100多万年已开始，但那是对自然火的利用和控制。人类能够制造火则较晚，为旧石器晚期。最早制造火的方法是钻木取火，或击石取火。火被用来照明、取暖和驱逐野兽，使人类在比

113

较寒冷的地区也能生活；把生东西煮熟，大大地扩展了人类选择食物的范围，促进正在形成中的人的体力和独立性，更使人脑得到比过去丰富得多的营养，思维得到前所未有的发展和巩固；制陶等技术也伴随火的利用而出现。

③农业革命，即农业技术的出现和形成。人类最初依靠狩猎和采集野生植物维持生活，新石器早期开始对动物的驯养，并把野生植物经过一定时期的栽培变成农作物。农业技术在作物栽培、动物驯养中形成，使人们由迁徙不定的游牧生活变为定居的农业生活，生产力得到极大的发展和提高，引发人类社会发展的第一次大转折。

④工业革命，即工业技术的重大突破。它的标志是蒸汽机这一动力机械的发明和制造成功。蒸汽机的发明不仅克服了以往使用风力、水力和畜力的局限性，可以到处使用；而且，功力远比利用其他自然力的功力要大得多，能带动各种机器运转。于是，大机器的生产技术和专业化、社会化的生产体制产生，这就是18世纪从英国开始的产业革命。产业革命导致形成新型的生产关系和新技术体系构成。这次技术革命中又可分为两个阶段：一是以瓦特在前人研制和实践基础上成功地对蒸汽机作了重大改进为标志，所引发的以纺织工业为主体的工业技术革命阶段；另一是以1860年英国贝塞麦建成大型钢厂实现钢铁生产工业化为起点的钢铁、化工、电力等重工业为代表的技术革命（另一种说法以1879年爱迪生

瓦特改良蒸汽机

发明的电照明技术为标志），并成为近代技术的起点。

⑤信息革命，即以微电子技术为基础的信息技术得到新的发展和广泛运用。自第二次世界大战后开始，以微电子技术为基础的信息技术，在整个商品经济中逐渐占据较大的比重。在这场技术革命中，具有代表性的是计算机硬件和软件技术的开发、虚拟网络的开发和应用、生物技术（农业和医药）上的研发和应用等。其主要特点：一是整个社会由于信息网络的出现而形成一个大系统，任何一个人的生产、生活都广泛地与社会联系在一起；二是人们用于获得知识、技能和艺术修养方面的资金，占总支出的比例（信息系数）越来越大；三是信息行业越来越多，产值越来越大；四是朝着社

1946 年，"计算机之父"冯·诺依曼（左）与世界上第一台计算机 ENIAC

今天，AI、机器人技术飞速发展，一场新的科技革命正在进行

会控制技术的方向发展，有利于社会和生态，为无生命的环境输入智慧，为技术的人性化奠定基础。

自一个半世纪前所开始的近代技术，决定性地改变了科学的命运，使科学与技术紧密相连。现代科学离不开技术上的变革，而现代技术也离不开科学上的变革。现代科学技术形成了电子技术、原子技术、分子设计技术、材料合成技术、空间技术、生物工程技术、自动化技术、电子计算机、激光技术、信息技术等，这些技术的广泛传播和运用，构成现代技术的基本内容，创造了现代人的社会生活面貌。

欧洲工业革命

欧洲工业革命是欧洲以机器生产为基础的工厂制大工业代替以手工技术为基础的工场手工业的过程，始于18世纪60～70年代，结束于19世纪末。

工业革命又称产业革命，它既是生产技术上的革命，又是社会生产关系的重大变革。英国最早具备产生工业革命的条件。17 世纪和 18 世纪，英国的工场手工业在棉织、采矿、冶金、制盐、玻璃等行业中迅速兴起。工场手工业内部分工也同时发展起来，生产技术不断改进。劳动工具日趋专门化，为过渡到大机器生产准备了物质技术条件。英国资产阶级革命的胜利，为工业革命提供了有利的政治条件。18 世纪 30 年代，唐森德子爵把三叶草和芜菁引入大田，改三田轮作制为四田轮作制，开始农业革命。农业家贝克韦尔培养出新莱斯特羊，开改良牲畜之风。1760 年以后的 4000 多个议会圈地法实施后圈占土地约 900 万英亩，使农业纳入资本主义轨道。18 世纪中叶英国国内市场、殖民地市场以及国外市场的扩大，刺激了棉纺织业的发展。水陆交通明显改善，使工农业产品和原料的运输变得方便快捷，促进了商业繁荣，加快了资本的积累。

18 世纪 60 年代，英国工业革命首先从棉纺织业开始。1733 年凯伊发明飞梭，提高织布效率一倍。1764 年哈格里夫斯发明珍妮纺纱机。1769 年，阿克赖特发明水力纺纱机，1771 年在克隆福特创办第一个棉纺厂。克朗普顿于 1779 年发明骡机。1769 年，瓦特发明蒸汽机，取得划时代的技术成就，开始以机器动力取代自然力和人力的过程。1776 年制成单动式蒸汽机，1782 年又制成复动式蒸汽机。1785 年棉纺厂开始使用蒸汽机作动力。1789 年蒸汽机开始应用于棉织业。

工业革命后，蒸汽机逐步扩展到化工、冶金、采矿、机器制造、运输等部门。化工工业得到迅速的发展。硫酸、漂白剂、盐酸、苏打的发明适用于纺织、玻璃、肥皂等行业的需要。18世纪20年代马斯普拉特等在利物浦建立生产苏打的工厂。法拉第发明制造氯化碳的新法，奠定了兰开夏郡和柴郡化工工业的基础。对法战争以后的年代是英国化工工业的黄金时代。

在工业革命的推动下，采煤业迅速发展。在矿井中，普遍使用蒸汽抽水机。1790年煤产量达760万吨。1820年卷扬机代替人工背运，煤产量迅速增长，英国成为欧洲最大产煤国。

1786年以后，蒸汽机的制造带来了冶铁业的繁荣；对法战争的军火需求扩大了冶铁业。战后工业革命开始进入钢铁冶炼和机器制造大发展的阶段。1825年议会取消部分机器出

英国工业革命时期的一座煤矿

口禁令后，更刺激了机器生产。1828年尼尔森发明用鼓风炉把热空气吹进熔铁炉的新法，完成冶铁技术的改革。在机器制造上，1789年莫兹利发明车床，1838年内史密斯发明汽锤。刨床、铣床、钻床等工作母机也相继发明出来。到19世纪40年代，机器制造本身已基本实现机械化。

此时，在重要的工业部门机器大工业已代替家庭手工业和工场手工业。1835年英国棉纺织业已有23.7万工人；毛纺织厂已达1300个，工人7.1万人。

生产的增长，国内市场的扩大，对交通运输部门提出新的要求。火车的发明从根本上解决了陆上交通问题。1825年，世界第一条铁路斯托克顿—达灵顿铁路通车；1830年，利物浦和曼彻斯特用铁路连接起来。到50年代，英国的主要铁路干线均已完成。19世纪上半叶，虽然帆船在远洋航行上还处于极盛时代，但1807年将蒸汽机用于推动船舶的试验已取得成功。1818年在多佛和加来间已有轮渡。1838年蒸汽轮船"阿斯"号和"大西洋"号横渡大西洋成功。

英国工业革命到19世纪40年代基本完成。工业革命给英国带来深刻的社会变化：①在工业革命过程中，英国从农业国发展为工业国，为英国成为世界工厂奠定基础。②阶级结构发生变化，出现无产阶级和资产阶级两个对立阶级，在宪章运动中，无产阶级显示了自己的力量。③人口分布随经济重心的改变而发生变化，从东南部转到英格兰北部，伯明翰－利物浦－赫尔三角地带成为人口最稠密的区域，除伦敦外，英格兰所有大城市均在此地区内。④工业进一步集中，且在集中区内还有分工，如毛纺织业不但已集中于约克郡的西区，且在此区内毛纺业集中于布雷德福和哈德兹菲尔德，呢绒业集中于利兹，而再生呢绒则集中于杜斯伯里。

斯蒂芬森的"火箭"号机车

121

与英国比较，欧洲大陆上工业革命特点为：①除德国、法国、丹麦、瑞典部分地区发生类似英国的圈地运动外，都没有出现这种运动；易北河以东、西班牙和意大利南部大地产占优势（都存在农奴制残余）。除此之外，其他地区主要是资本主义性质的农场和集约化的家庭农场起着重要作用。②国家干预程度较大，尤以重工业和机器制造业为甚。③铁路修筑速度较快，对工业革命起了带动作用。

西欧大陆最早发生及完成工业革命的是比利时。这里农奴制消失较早，有发达的农业和传统的纺织业。拿破仑一世占领时期开始冶铁业技术革命。到 40 年代比利时工业革命已完成，其机器能与英国竞争。法国在 18 世纪末开始资产阶级革命后，通过统一度量衡和关税来统一国内市场。波旁王朝复辟时期工业革命业已开始，七月王朝时工业革命进入极盛时代。1830 ~ 1860 年间，法国工业发展速度超过英国，但绝对数字仍少于后者。法国工业只集中在几个地区，人口流动没有英国明显，而农业在法国国民生产中的比重一直相当大。到 19 世纪 60 年代后期，法国工业革命已经完成。德国工业革命在 19 世纪 40 年代末期大为发展。19 世纪 50 ~ 60 年代德国工业发展速度超过英、法。重视重工业是德国工业革命的突出特点。1871 年前的煤、铁、钢产量都已超过法国，只有蒸汽机的使用还落在后面。1871 年德意志帝国成立后很重视利用最新科学成就，最突出的是电器工业和化工工业。19

德国克虏伯铸钢厂

世纪 80 年代德国完成工业革命。

19 世纪 30 年代，俄国工场手工业达到相当规模，大商人、包买商、富农和一部分经营商品化农业和工场手工业的地主贵族积累大量资本，国内外市场进一步扩大，俄国工业革命的条件基本形成。俄国工业革命中，铁路在各个阶段都起到带动作用。1861 年以前，工业对全国影响甚小，7400 万人口中只有 76 万工人，但颇为集中。19 世纪 60 年代铁路从莫斯科辐射出去，连结中部 9 省主要城市。英、法资本投资于采煤业、冶铁业，生产供全国使用的铁轨。1887 年有铁路 30132 千米。全国 1.13 亿人中有 132 万工人。1887 年以后，工业发展速度加快。农村在 19 世纪 90 年代已成为工业品稳定的销售市场。到 19 世纪末，俄国的工业革命已经完成。此外，中欧如波兰、波希米亚（捷克），南欧如米兰、加泰罗尼亚等地区，到 19 世纪末都已具有相当规模的工业，在不同程度上完成了工业革命。

日本工业革命

日本工业革命是指 19 世纪 70 年代到 20 世纪初，日本机器大工业代替工场手工业和资本主义制度确立的历史过程，亦称日本产业革命。

日本是在特殊的历史条件下进入资本主义阶段和开始产业革命的。当它 1868 年建立明治政权跨入资本主义门槛时，欧美先进国家已经完成了产业革命，并开始从自由资本主义向垄断资本主义过渡。为了避免沦为欧美国家的殖民地、半殖民地，日本在明治维新中，提出了"富国强兵""殖产兴业""文明开化"的目标。在改革落后的封建制度同时，从增强军事力量和培植资本主义经济出发，在 1868 ～ 1885 年间，在接收幕府和各藩经营的军工厂和矿山的基础上，引进英国等西方先进国家的技术设备，聘用外国专家和技术人员，建设了一批兵工厂、采矿场，以及以生产纺织品、水泥、玻璃、火柴为主的民用"模范工厂"。这批官营工厂企业的建立标志着日本产业革命的开始。

进入 19 世纪 80 年代以后，明治维新各项重要改革陆续完成，政局日趋稳定，并在 1880 ～ 1885 年整顿了货币，稳定了通货，为集中力量发展经济，大规模地输入外国技术设备，促进私人向工矿业投资创造了有利条件。以 1880 年后明治政府廉价地向私人转让官营模范工厂为契机，出现了私人创办和经营近代企业的高潮，产业革命进入了迅速展开的新阶段。1884 ～ 1893 年的 10 年间，工业公司的资本增加了 14.5 倍。1893 年拥有 10 个工人以上的工厂已达 3019 家，其中使用机械动力的 675 家，职工 38 万人，产业革命已逐渐扩展到一切主要工业部门。其重点也从过去以官营军事工厂为中心的重工业转移到以私营纺织业为中心的轻工业。1885 ～ 1894 年，纱锭增加 5.8 倍。到 1890 年，日本就从棉纺织品进口国变成了棉纱出口国。但是，日本资本主义工业的发展一开始就没有稳固基础。发展工业的资金来源，大部分靠农民缴纳的地租和地税，进口机器设备主要靠出口生丝的收入，工业品市场也主要靠占人口 70％ 的农民。而农业是沿着半封建的小农经营的道路发展的，广大农民在高额地租和地税的压榨下，生产和生活水平都极为低下。主要来自农村的工人工资也极低，并受着封建性盘剥。落后的农业、狭小的国内市场同迅速发展着的大工业之间的尖锐矛盾，使刚刚发展起来的纺织工业在 1890 年就陷入了生产过剩危机。

　　明治时期，为了转移国内矛盾和进行对外掠夺，日本走上了对外侵略的道路。1894 年 7 月 25 日未经宣战发动了侵华战争——甲午战争，迫使中国清政府与之订立了《马关条约》。这次战争是日本由被压迫国家变为压迫别国的国家的转折点，也是日本产业革命进入完成阶段的转折点。战争中比战前高出两倍的军事开支，使资本家得到大批军事订货，积累了巨额资本。战后日本靠从中国索取的巨额赔款作基金，在 1897 年 10 月实行了金本位制，提高了日本的金融地位，并利用战争赔款大规模加强陆海军建设，扩建铁路网，极大地推动了私人资本的发展；同时，战争也使日本独霸了朝鲜市场，夺占了部分中国市场，扩大了日本商品的销路。因此，以甲午战争为起点，日本再次出现了投资热，工业、交通运输业以及金融贸易，都获得了大发展。到 1898 年，纱锭突破了 100 万支，机器纺纱占了绝对优势，日本进入了世界纺织工业发达国家的行列。在军事工业带动下，重工业也开始改变面貌。1897 年开始动工兴建的最大钢铁厂——八幡制铁所，于 1901 年投产，使日本迈出了钢铁自给的第一步。20 世纪初煤产量自给有余，1905 年已有 260 万吨出口。以钢铁工业和采煤工业的发展为基础，造船、铁路和航运发展很快。1898 年，三菱的长崎造船所建造了 6172 吨的大型轮船"常陆丸"，接近当时世界领先水平。这一年日本建造轮船总吨位达到 10 万吨，进入造船大国行列。日本跨入 20 世纪时，近代工业主要部门都已建立，大机器生产明显占优势，基本上实现了产业革命。